28 a

Paul Weiss schweren
Herzens gewidmet
Peter Dohrn
Zoologische Station Neapel
12 XII 64

Aufnahme: Schafganz, Bonn

Reinhard Dohrn 1880—1962

Dem Andenken an Reinhard Dohrn

Reden, Briefe und Nachrufe

Herausgegeben von

Dr. Heinz Götze, Heidelberg

Springer-Verlag · Berlin · Göttingen · Heidelberg · New York

Library of Congress Catalog Card Number 64-20178.
Printed in Germany.
Druck der Universitätsdruckerei H. Stürtz AG, Würzburg.
Titel-Nr. 0298.

Inhalt

Grabreden

gehalten am 16. Dezember 1962
im Englischen Friedhof in Neapel

Heinz Holldack

Meine Damen und Herren

Gestatten Sie mir, der beauftragt ist, der Familie und den Freunden des Toten das aufrichtige Beileid des Herrn Botschafters zu übermitteln, und der doch selbst schmerzlich einen persönlichen Verlust beklagt — gestatten Sie mir, aus dem reichen und vielgestaltigen Wesen und Leben Reinhard Dohrns die Züge hervorzuheben, die uns — Deutschen und Italienern — die wir hier versammelt sind, sein Scheiden besonders tief empfinden lassen.

Ich darf es Berufeneren überlassen, den Gelehrten und Organisator wissenschaftlicher Forschung zu würdigen. Ich möchte sprechen von den Eigenschaften des Verewigten, die ihn in so besonderer und einmaliger Weise befähigten, zwischen und über den Vertretern vieler Völker das Gemeinsame, den Dienst an der Wissenschaft zur Geltung zu bringen und fruchtbar zu gestalten.

In einem Gespräch allgemeinen, geschichtlichen und politischen Inhalts hat er sich mir gegenüber einmal als Sohn des neunzehnten Jahrhunderts bezeichnet. Als dessen hervorragende Züge empfand er das Nationale und das Liberale. Aber Familienbindungen, reichste Lebenserfahrungen und ein sehr feiner Sinn für das Werden und Vergehen auch geschichtlichen Lebens hatten ihn gelehrt, daß auch diese Erscheinungen nicht unabänderlich bestehen, sondern sich fortentwickeln und übergehen in neue Gestaltungen.

Er empfand sich als Deutschen, aber er leitete daraus keine Werthaftigkeit ab, sondern er sah in den anderen Völkern Individualitäten eigenen und des gleichen Rechts. Und da ihn sein Leben in so enge Verbindung mit wohl fast allen Kulturnationen gebracht hatte wie nur Wenige, empfand er das, was sie einte, stärker als das, was sie trennte.

Das ist, wenn Sie so wollen, ein geistesgeschichtlicher Aspekt, eine Abstraktion. Aber er erfüllte sie im täglichen Leben mit einer höchst persönlichen Eigenschaft, mit seinem Bedürfnis nach Harmonie und mit seiner Begabung für Harmonie.

Er war im engeren Sinne kein politischer Mensch. Er näherte sich dem Bereich des Politischen mit Vorsicht und er erfaßte ihn in allgemeinen Bezügen. Aber erkennen wir das Politische nicht nur in den Grenzen professioneller Berufsausübung des Politikers, des Verwaltungsmannes oder des Diplomaten, sondern im weiteren aristotelischen Sinne als Leben in der Gemeinschaft, so war er im höchsten Maße ein politisches Wesen.

Nicht wesentlich anders verhielt es sich mit dem zweiten Charakteristikum des vorigen Jahrhunderts, dem er sich verpflichtet wußte, mit dem Liberalismus. Der Liberalismus ist heute kein Parteiprogramm mehr. Er ist eingegangen in die politischen Gruppierungen aller Völker, die nicht autoritärem Zwang unterworfen sind. Ich wüßte nicht zu sagen, ob Reinhard Dohrn einer Partei, die sich als liberal bezeichnet, besonders verbunden war. Aber er lebte in der geistigen Luft des Liberalismus, er war liberal, weil er in jedem Menschen das ihm Eigene, Unveräußerliche achtete und ihm mit Aufgeschlossenheit und Respekt begegnete.

Solche Eigenschaften machten ihn zum geborenen Mittler zwischen Menschen, Regierungen und Einrichtungen. An vielen Orten der Welt wird seiner in diesen Tagen gedacht. Aber es ist nun doch so, daß ihn Herkunft und Arbeit mit zwei Nationen besonders eng verbunden haben, mit Deutschland und Italien. Wir alle wissen, welche Rolle Reinhard Dohrn in den geistigen Beziehungen unserer beiden Völker gespielt hat. Er hat das Werk seines Vaters durch glückhafte Zeiten aufwärts geführt und er hat es durch schwere und schmerzliche Zeiten gesteuert. Es gibt wohl kaum einen Deutschen, der so unmittelbar im Zentrum deutsch-italienischer Wechselbeziehungen gestanden hat, der so sehr unter den Konflikten zwischen dem Land, aus dem er kam, und dem Land, in dem er gewirkt hat, leiden mußte, der aber auch so glücklich Verständnis, Liebe und Hilfsbereitschaft italienischer Freunde empfangen durfte. Ich brauche hier nur den Namen des großen Sohnes dieser Stadt, Benedetto Croce, anklingen zu lassen. Daher empfinden wir Deutschen, in deren Namen ich im Auftrage des Herrn Botschafters zu Ihnen sprechen durfte, den Tod Reinhard Dohrns mit tiefem Schmerz als den Verlust eines Mittlers zu italienischen Menschen und zu italienischem Geist.

Giuseppe Montalenti

In una triste giornata d'inverno, venticinque anni or sono, Rinaldo Dohrn ed io c'inchinavamo sulla bara che racchiudeva la salma di un comune amico, Federico Raffaele, grande amico e protettore anche della Stazione Zoologica. Oggi, ch'io mi trovo nello stesso atteggiamento sulla bara di Rinaldo Dohrn, mi pare che un'epoca si sia conchiusa, con la scomparsa di uno degli ultimi rappresentanti di un mondo sparito.

E mi tornano alla mente le belle parole con cui Giovanni Gentile ebbe a dipingere la figura morale di Raffaele, che mi sembra assai bene si addicano anche a Rinaldo, tanto, per alcuni caratteri fondamentali, i due uomini erano affini. «Caro indimenticabile Raffaele!» disse Gentile, e noi: «Caro indimenticabile Rinaldo! Soltanto la viltà morale riusciva a smorzare il sorriso che brillava abitualmente sulla sua fronte e ne' suoi occhi affettuosi e a trargli dal labbro parole di dura severità. Allora era implacabile. Allora avevi la più manifesta conferma del carattere ideale del mondo in cui viveva quest'uomo, che in età avanzata serbava il candore di un fanciullo... Sicchè la sua compagnia era un'oasi nel deserto inamabile delle miseriole accademiche, fatte di acide ambizioni insoddisfatte, di vanità gonfie come vesciche, di astii e rancori nati da nonnulla, e pure inestinguibili, competizioni feroci, rimpianti inconsolabili.

«La sua morale elevatezza e la sua connaturata ripugnanza a tutto ciò che è basso, piccolo e volgare, conferivano dignità esteriore alla sua persona, in cui, al primo incontrarla, si vedeva rispecchiato quel suo animo tutto umanità.»

«Quando improvvisamente scomparve ... quanti avevamo avuto la fortuna di frequentarlo in una lunga consuetudine di comune lavoro e di fidati colloqui, e di averlo amico fedele delle ore liete e delle tristi, scrutinatore assiduo e discreto e quasi collaboratore dei nostri pensieri quotidiani, si spense d'un tratto una luce nella nostra vita. Quanta solitudine!»

Quanta solitudine lascia in noi Rinaldo, che ebbe tanta parte nella nostra vita di studio e di ricerca!

Nel 1905, pochi anni prima della morte del padre Antonio, fondatore della Stazione Zoologica (che si spense nel 1909), Rinaldo assunse la direzione dell'Istituto e la tenne (con qualche forzata interruzione negli anni di guerra) per quasi un cinquantennio, fino al 1954, anno in cui, a sua richiesta, fu collocato a riposo, o meglio «fuori ruolo» com'egli amava dire.

Lungo e travagliato periodo! Due guerre mondiali portarono lutti e distruzione su tutta l'Europa e, anche gli anni di cosiddetta pace furono tempi inquieti per vari gravi avvenimenti d'indole politica, sociale ed economica. E un istituto internazionale è assai sensibile a questi turbamenti. Lo è in particolar modo una famiglia internazionale come quella dei Dohrn, la quale fu più volte colpita duramente nei propri averi e nelle persone e nelle cose più care.

Durante la prima guerra, Rinaldo dovette allontanarsi dall'Italia e riparare in Isvizzera, affidando la Stazione appunto a Federico Raffaele. Dopo la fine della guerra ritornò e

dovette lottare a lungo prima di riavere la direzione dell'Istituto, che nel frattempo era passata in altre mani.
La direzione gli fu affidata, sotto forma giuridica diversa dalla precedente, grazie all'intervento di uomini autorevoli come lo stesso Raffaele e Benedetto Croce. Questi avevano ben compreso che Dohrn, per tradizione familiare e soprattutto per le sue capacità personali poteva garantire, oltre che l'efficienza scientifica, la conservazione del carattere più singolare, più delicato e più importante dell'Istituto: la sua internazionalità.
Conchiusa questa battaglia, Rinaldo dovette affrontare l'altra lotta, quella che non richiede atti di impetuosa azione, bensì di continua costante dedizione, lotta meno eroica, meno spettacolare, ma non meno ardua e spesso più tediosa: la battaglia contro le difficoltà, grandi e piccole, della vita quotidiana: problemi di finanziamento, di ricostruzione, di rapporti con persone, con Enti diversi, in Italia e all'Estero.
La Stazione rifiorì, sotto la sapiente e paziente guida di Rinaldo e riacquistò in breve tempo il prestigio che aveva avuto nel passato.
Poi venne la seconda guerra, e portò la distruzione e la morte fin sulla casa di Via Crispi. Dohrn non volle allontanarsi dall'Italia, benchè sollecitato dal Governo della Germania nazista: si rifugiò con la famiglia a Sorrento. Vissero quasi poveramente in una dimora di fortuna, dove seppero ricostruire subito quell'atmosfera che loro era congeniale. E poi ancora, alla fine della guerra: tutto da ricominciare, da rifare, da ricostruire. Rinaldo si accinse con la abituale serenità all'opera di ricostruzione, aiutato validamente dal figlio Pietro. Sopravvenendo l'età senile, egli si ritirò, poi, come ho detto e al figlio fu affidata la direzione effettiva dello Istituto.
Chi ha seguito, anche soltanto per alcuni anni, l'attività diuturna di Rinaldo Dohrn, non può non ammirare la serena costanza del suo lavoro assiduo, l'equilibrio, il vivo senso di umanità, l'obbiettività con cui egli giudicava persone e avvenimenti, la pazienza e l'abilità diplomatica con cui riusciva a venire a capo di situazioni complicate e spesso avverse.
La signorilità dei modi, espressa nella sua alta, nobile figura, il perfetto possesso di parecchie lingue, la consuetudine con uomini e ambienti diversi — dalle corti principesche, alle ambasciate, ai ministeri, alle università, e ai congressi scientifici, dalle personalità più eminenti nei vari campi della cultura e dell'arte, ai marinai di Mergellina o di Porto d'Ischia, che tutti indistintamente trattava con lo stesso senso di amore e di rispetto per la persona umana — la casa così singolare e tanto accogliente, quello ambiente familiare allietato dalla grazia e dallo spirito della affettuosa amatissima

Tania — la quale aveva un posto per tutti nel suo grande cuore, per tutti oltre a quelli che l'occupavano in primo luogo: il marito, i figli, l'Acquario — tutte queste e altre caratteristiche facevano di Rinaldo una persona eccezionale, fuor del comune, quasi la personificazione dell'uomo europeo, del «citoyen du monde» vagheggiato dagli intellettuali del settecento. Queste stesse qualità lo rendevano anche particolarmente adatto a reggere il timone di quel grande Istituto che aveva ereditato dal padre, e a governarlo con efficienza, con saggezza, con prudente abilità, mantenendolo in rotta anche nelle acque più tempestose, durante i fortunali più violenti, che, come ho detto, non mancarono nel corso della sua vita.

Alla Stazione Zoologica e perciò alla Scienza, alla Biologia, Rinaldo Dohrn dedicò tutto se stesso, tutte le proprie forze intellettuali, morali e fisiche, fino all'ultimo giorno di vita. Pochi giorni or sono, seduto al tiepido sole invernale sul balcone dell'ospedale dove trascorse gli ultimi mesi — amorevolmente curato e assistito dalla figlia Antonietta — mi diceva, con voce divenuta fioca, già quasi allo stremo delle declinanti forze: «dobbiamo poi parlare della Stazione Zoologica, di quello che si deve fare». E, in quell'ora estrema, mentre mi esponeva con la consueta serena obbiettività i sentimenti che provava a considerare quella fine, quel «muro», come disse, che gli stava davanti, — fine che sentiva prossima, senza poter sapere quanto — e mi spiegava con tutta lucidità certi sintomi del decadimento della sua memoria, di cui era chiaramente conscio, ebbe ancora, a proposito di vicende che l'avevano rattristato e tormentato, parole di sereno, equilibrato, elevato giudizio, che profondamente mi colpirono e mi commossero.

La Stazione Zoologica, la famiglia, la casa erano tutt'uno per lui, che vi si dedicava totalmente accomunandole nella fiamma continua del suo amore, della sua fede, della sua dedizione.

L'opera di Rinaldo Dohrn è stata assai importante per la scienza. Molti sono i riconoscimenti che egli ha avuto da parte degli scienziati e delle autorità della sua patria, dell'Italia, sua seconda patria, e di molte altre nazioni: basti ricordare la cittadinanza onoraria della città di Napoli e le lauree *honoris causa* delle Università di Glasgow, di Kiel, di Giessen. Ma noi italiani dobbiamo essergli particolarmente grati. Il dono che Antonio Dohrn ha fatto all'Italia, la Stazione Zoologica, Rinaldo ha saputo mantenerlo e svilupparlo con il più alto senso di rispetto per il nostro Paese. Più di una volta — ricordo — egli ebbe a preoccuparsi che la scienza italiana si presentasse in modo dignitoso e ricevesse la dovuta considerazione nelle assise internazionali. Molte generazioni di zoologi italiani — dai nostri maestri scomparsi, a noi stessi, ai nostri allievi — hanno verso Rinaldo Dohrn un debito di affettuosa riconoscenza. E oggi ci punge il rimorso di non avergliele dimostrato e dichiarato appieno, forse perchè trattenuti da quello stesso riserbo, da quello stesso pudore che, essendo carattere della sua persona, venivano in qualche modo comunicati agli interlocutori.

Ma in quest'ora triste, in cui ci facciamo reverenti intorno alle spoglie di quest'uomo, che ha avuto tanta parte nella nostra vita — dico nella vita di parecchie generazioni di biologi — noi italiani sentiamo il desiderio di dimostrare questa riconoscenza. E io la esprimo qui, con parole scarne, ma con cuore pieno, a nome anche di molti colleghi qui presenti e di molti altri, cui non é stato possibile partecipare di persona a queste esequie, ma che sono presenti in ispirito: Califano, Pasquini, D'Ancona, Reverberi, Monroy, Ghiretti, e molti e molti altri ancora.

Ma il rimpianto, il dolore che oggi ci serra la gola e ci annebbia la vista, non siano sterile e mesta contemplazione delle cose, delle persone e degli avvenimenti che sono stati e non possono più ritornare. Siano, invece, per ciascuno di noi, incitamento a egregie cose.

Nel momento in cui lo spirito di Rinaldo Dohrn si è partito dalle inquietudini e dai travagli, così come dalle gioie e dalle soddisfazioni proprie di questa vita, mentre le sue spoglie scendono in questa terra di Napoli, da lui prediletta, per prendere posto accanto a quelle della sua amatissima Tania, noi vogliamo raccogliere il suo insegnamento, la sua eredità spirituale, e ci proponiamo di adoperarci in ogni modo per continuare la sua opera, affinchè la Stazione Zoologica continui a svilupparsi e a prosperare in modo degno della tradizione da lui così nobilmente tenuta viva durante lunghi anni. E in questo proposito si acqueti il nostro dolore, e si ritrovino le forze per riprendere il cammino.

Briefe und Nachrufe

Pergola-Gruppe von Hans von Marées an der Ostwand des Freskensaales, mit Anton Dohrn, Nikolaus Kleinenberg, Charles Grant, Hans von Marées und Adolf Hildebrand.

Anna M. Bidder

Reinhard Remembered

My earliest memories of Reinhard Dohrn date from 1911 when he came to stay with us — I a small girl of eight, he a young man, I suppose about thirty. I picture our family dinner-table, myself abashed by some rebuke from my elders, and then looking up to see Reinhard's clear eyes twinkling at me with complete and reassuring comprehension, and I recall the flash of relief: here was one "Grown-up" who *really* understood. Not only was that moment's humiliation suddenly less important, but the memory remained, to strengthen one against other such moments. This was surely one of his greatest gifts — to do such lasting good to people by such brief moments of sympathy.

I remember, too, my first German lesson: taught by Reinhard when I went to bid good-night to him and to my father sitting together in the garden, to say, „Gute Nacht, schlaf' wohl!"

My father was then living under a strict fresh-air regime, recovering from tuberculosis, and I remember Reinhard in later years saying, "Never have I known so many draughts as in the Villa Bidder!"

Eleven years later we went to Naples — and there he was, safely and securely, just as one remembered him. He was much occupied on business with my Father, and perhaps my most vivid memory of that visit is a tea-party at the Villa Dohrn, Amaryllis a baby in her high chair, and Tania skilfully conducting a game of Lotto in two languages at once!

When, a few years later, I met him for the first time as Director I found, as my Father found, his magic touch in any difficult situation. Like scores of visiting workers, I knew his encouragement, his wisdom, and, above all, the feeling of serenity he managed to infuse into the situation. Like the rest, too, I delighted in the hospitality of the Villa Dohrn: the wistaria teas, with the scented, colourful blooms hanging from overhead, festooning the table, decorating the guests; the suppers, with the donkey coming in for desert, walking round the table, begging for scraps. Then when the moment came for second helpings at supper — a moment of embarrassment to the young stranger — is one expected to accept, or refuse? — he began, not with the guest of honour, but with his teen-age daughter: "Mytie, send up thy plate for a second helping, to encourage our guests" — a small piece of tact, so characteristic in its perfection and in its simplicity.

In 1950 I went back to Naples for a brief happy fortnight, and basked once more in the strength of his wisdom and affection: as the strength which left him able to say that "when you had lost everything twice you learnt the unimportance of so many things."

His charm was the charm that comes from within (my sister, who only, I think, saw him in 1911 and 1922, unhesitatingly spoke of him to me recently as one of three people she had ever known with complete charm) and it was delightful to watch all who came in contact with him succumb — from a big audience of Cambridge students, to whom he read, rather haltingly, a lecture about the Stazione, to the drunken Scottish shepherd in a Scottish railway carriage, who reiterated, "But you *must* be Scotsman — because you're — perfect shentleman."

So he was, a perfect gentleman, one of the few people I have known to whom the words "Christ-like" can rightly be applied — for he had the truly Christ-like gift of transforming all groups and individuals with whom he came in contact, and making them just a little better and more generous than they would otherwise have been.

Cambridge, April 1963.

Albert Szent-Györgyi

It is befitting to remember here a man, Reinhard Dohrn, who was taken from our rows by death this year, though he did not belong to the Woods Hole Family of Researchers. He belonged to the wider circle of Marine Biologists, among whom he played a leading role, less through his own research than by providing for the research of others, with his devotion to Science, his ability of organization, and his very high human qualities.

He was the Director of the Zoological Station in Naples, founded by his father, Anton Dohrn. He saved his Institution through the turmoil of political events. This he did, less by political cunning than by his sincerity, honesty, modesty and idealism. To me he was the embodiment of all the higher and lofty ideals that science and humanities stand for.

He kept, always, the most friendly relations with Woods Hole in a spirit of brotherhood and not of competition. He parted at an old age, had a grand life full of struggle and noble endeavor, as a man's life should be, so we can bear no grudge to fate, but, all the same, his parting is a great loss to us all and to Marine Biology. We lost a great and very good friend, and a grand human being.

C. F. A. Pantin

Dr. Reinhard Dohrn *

News of the death in Rome on December 14th, 1962, of Dr. Reinhard Dohrn, for over forty years Director of the Stazione Zoologica at Naples, was received with deep regret by men of science throughout the world, and particularly by the biologists of this country. His father, Anton Dohrn, founded his great laboratory for the study of sub-tropical marine animals and plants in 1872. Its international importance was at once recognised. In Great Britain, Charles Darwin, Huxley, Balfour and Michael Foster the physiologist, contributed to its foundation, and the Royal Society, the British Association and the Universities of Oxford and Cambridge generously supported it. That support has been maintained for ninety years during which the research there expanded from evolutionary morphology to include biochemistry, physiology, pharmacology and oceanography and many other sciences today.

Reinhard Dohrn was born on 13th March, 1880, at Naples, the son of Anton Dohrn and Maria Baranowskaia. He was the third of four sons. He attended school in Naples and in Munich from 1892 to 1900. In Munich he was privately tutored by the eminent philologist Ludwig Traube. Following his schooling he studied zoology at the Universities of Jena and Leipzig. In 1905 he came to the Stazione as Assistant, though he was really at this time already in charge of the Stazione, since Anton Dohrn had had to retire on account of heart trouble. Anton died in 1909, when Reinhard formally succeeded him. In 1913 Reinhard Dohrn married Tatiana Givago from Moscow. He remained in Naples until 1915 and then, being of German nationality, the first world war forced him to move to Zurich where he stayed until 1920. After that war a legal battle establishing independence for the Stazione Zoologica from the Italian Government and from the Commune di Napoli took place in the years 1920 to 1923. Happily the outcome of this was that Reinhard was reinstated Director. He retired from office in 1954 and was succeeded by his son, Dr. Peter Dohrn.

Anton Dohrn founded the Stazione as a personal enterprise for the advancement of pure science. Its international character made exacting demands upon the office of Director. Many years ago it was said: 'To keep up the Zoological Station you need ... the knowledge of the principal languages of Europe; you need an acquaintance with the character of the different nations, friends all over the world, diplomatic qualities;

* Im Auszug erschienen in „The Times", 22 January, 1963.

organising gifts and not merely a scientific education, but also a wide culture and contact with other circles beyond the purely scientific ones.' These were indeed the qualities of Reinhard Dohrn. Visitors of every nation will remember the kindly hospitality of his house and of the gay and breath-taking way in which he and his family would pass through English, French, German, Russian and Italian to meet the needs

Reinhard und Tania Dohrn 1913 in Neapel

and humours of their many guests. But when Reinhard became Director in 1909 it was not possible to realise the immense demands that two world wars would make for the qualities of moral integrity and tenacity of high purpose if the Stazione and all it stood for in international science were to survive. He possessed those qualities in a magnificent degree, and it was these qualities which enabled him to appeal successfully for help to rehabilitate the Station after the last war. It is good to remember how within a few days of the battle for Naples in October, 1943, a powerful letter to the London Times by his old friend Dr. G. P. Bidder led the Royal Society to grant the Station immediate financial support, quickly followed by help from other nations. In these days when we hear so much of international and professional rivalry in Natural Science and of the supposed division of learning into two cultures, it is heartening to

recall the words of Dr. Boveri about the Stazione Zoologica: they are as true today as they were thirty, sixty and ninety years ago:
'Very many come with preconceived opinions concerning national or ethnic peculiarities. They revise their original judgments, they learn to know and to value other points of view and to bridge political boundaries. The essential that shows itself is a principle of mutual esteem without any loss to the individual's sense of national dignity; it is a consciousness of a unifying element not only in the magnitude of the task of science, but also in human experience, a readiness for mutual friendship, instead of strife and rivalry. And this intangible "something" that is shown in letters, in the brightening of the countenance, in the memory of the Naples experience that lives and grows in so many people, is a characteristic attribute of the Zoological Station. It is due to the exceptional personal qualities of the Dohrns, to their rare breadth of view and appreciation of all sorts and conditions of men, as well as to the character they gave the Station as an institution of international research.'
It is salutary to realise that that remarkable contribution to the promotion of learning and international understanding was not the work of a committee but the work of one man handed on to his son. Now, for the third generation, that burden is on the shoulders of the present Director, Dr. Peter Dohrn. To him scientists will wish all success in the increasingly heavy burden of his office he has so effectively undertaken. To him, to all his father's family and also to Reinhard Dohrn's secretary and personal assistant Signorina Helena Hartmann biologists will wish to give their sympathy and their gratitude for what they have done.

Jean Pasquier

Le souvenir de Rinaldo Dohrn

Le souvenir de Rinaldo Dohrn rayonne chaleureusement, amicalement dans notre mémoire. J'évoque notre première rencontre: la guerre finissait à peine; Naples, où je venais d'arriver, renaissait douloureusement dans une Europe disloquée. R. Dohrn me tendit la main avec une dignité si confiante que je sentis la paix revenue, et de ce réconfort naquit notre longue amitié. Dans le désordre encore angoissant des choses et des esprits, il incarna pour moi ce qui échappe au désespoir et au chaos: la générosité, la pureté du coeur, la recherche d'une vérité qui brille encore quand les hommes se battent. Plus tard, j'ai compris qu'il avait sû transformer en richesses ses plus cruelles déceptions et ses plus grandes épreuves. Cette sérénité souriante était une victoire. Il avait sû tirer de l'humanité même ce qui la dépasse et la justifie.

De cet homme si savant et si sage, et qui m'inspira toujours tant de respect, les images que je garde sont toutes souriantes et familières, et comme gracieusement patriarcales:

Auf Ischia, 1935. Photo Prof. G. Reverberi

telle était son affabilité, et l'harmonieuse simplicité de ses traits, de ses gestes et de ses propos.

Le voici dans son bureau de la «Stazione Zoologica». Des brochures scientifiques, des comptes menaçants, des lettres de tous les pays s'entassent sur sa table de travail; mais des portraits d'amis tapissent en désordre les murs. Une rose est sur la fenêtre, et des laboratoires monte l'écho de voix napolitaines.

Le voici dans sa salle à manger de la «Riviera di Chiaia» au milieu de ses enfants, et d'amis d'Europe ou d'Amérique. Cet Allemand de Naples parle si naturellement le russe et l'anglais, et si purement le français qu'on oublie de s'en étonner. Auprès de lui s'effacent d'elles-mêmes les différences de races, de langues et de nations; mais ces vins de pays, ces fruits, ces fromages offerts sur la table et soigneusement choisis témoignent aimablement par leurs millésimes, leurs crus, leurs terroirs, de la diversité des simples biens de la terre.

Et le voici debout, un matin, en costume d'été, dans le petit jardin de la maison du Monte Faito, aminci mais non courbé par l'âge, baigné d'air lumineux. Tout en bas la mer étincelle. Au loin l'œil devine, vaporeuse, cette Naples à laquelle il a tant donné de lui-même et cet «acquario» bâti par son père, dirigé maintenant par son fils, et auquel il a consacré sa vie.

Le souvenir de Rinaldo Dohrn, c'est la double richesse d'une exemplaire destinée d'homme: une mission acceptée et remplie, un art de vivre sereinement vécu.

Emanuele Padoa

Nell'estate del 1938 avevo perso, con una certa apparenza di legalità, il posto di assistente universitario che avevo coperto a Firenze per dieci anni, senza conseguire la libera docenza, dimostrando così di non essere adatto alla carriera universitaria. Si taceva, però, che per essere ammesso all'esame di libera docenza bisognava essere iscritto al partito fascista ... Rinaldo Dohrn, appena gli fu segnalato questo caso piuttosto pietoso, mi offrì un tavolo di studio all'Acquario, e pochi mesi dopo trovò modo di assegnarmi anche uno stipendio, incaricandomi di portare a termine la monografia sugli stadi giovanili dei Teleostei del Golfo di Napoli.

Fino allora non avevo lavorato su animali marini, e perciò non avevo frequentato l'Acquario. Quando mi presentai al «Signor Dohrn», egli mi accolse con grande semplicità, e mi disse che i miei rapporti con la Stazione Zoologica erano chiarissimi: io ero un cultore di biologia, e la Stazione, ente internaziole indipendente dall'Amministrazione statale, mi offriva un tavolo di lavoro, senza occuparsi di quella che poteva essere la valutazione del Ministero dell'Educazione Nazionale sulla mia attitudine alla ricerca scientifica. Egli volle così sdrammatizzare la situazione, farmi sentire a perfetto agio nel nuovo ambiente: ma sapeva benissimo di assumersi una notevole responsabilità accogliendo un antifascista; una responsabilità più grande per lui, cittadino tedesco e non certo in odore di santità nazista, nel momento in cui si affermava rumorosamente la saldezza dell'asse Roma-Berlino. Ma Rinaldo Dohrn, che non si compiaceva di vivere nella tempesta, che non aveva affatto il temperamento di un Don Quixote pronto a scendere in battaglia, la lancia in resta contro qualsiasi mulino a vento, sapeva, per una causa che ritenesse giusta, assumersi le responsabilità.

A Napoli, all'Acquario, trascorsi quasi cinque anni, dal 1938 al 1943, serenamente, cioè col massimo di serenità possibile in quel periodo desolato. E ben presto, al primo sentimento di gratitudine per l'ospitalità, si aggiunsero, soverchianti, quelli di ammirazione e di affetto, reverente dapprima e venato di timidezza, più spontaneo poi, di vera amicizia tra due persone che si riconoscevano ideali comuni.

A. Busch und R. Serkin mit Tania Dohrn nach dem Konzert (1934)

Poche settimane dopo il mio arrivo ci fu la crisi di Monaco, cui seguirono l'autunno e l'inverno incerti — la pace o la guerra? — e il precipitare degli eventi fino al fatale 1. settembre 1939. Erano allora riuniti alla Stazione Zoologica, accanto ad una maggioranza di Italiani e di Tedeschi, parecchi Svizzeri, Belgi, Olandesi, Inglesi, Polacchi, Scandinavi; e il tatto, l'autocontrollo del Direttore, che non erano poi che il riflesso del suo profondo senso di libertà e tolleranza, stabilivano la possibilità di convivere serenamente, di lavorare gomito a gomito, di interessarsi alle ricerche dei colleghi, di mantenere non solo rapporti di formale cortesia, ma di iniziarne altri, più profondi, di amicizia, che avrebbero retto alla prova della guerra, e che permisero, anzi fecero sentire necessaria la ricostruzione del sodalizio della Stazione Zoologica subito dopo passata la tempesta. Io, che nel '38 non avevo passato ancora il mezzo del cammin di nostra vita, ed ero intollerante, impulsivo, forse anche un pò inacidito, ho imparato da Rinaldo Dohrn tante cose, la tolleranza che non è accomodamento, il controllo che non è «tira a campare», e poi, negli anni tragici, la melanconia di aver avuto ragione, il sentimento che la rovina era troppo grande e sarebbe stato sinistro vantarsi del proprio antifascismo e antinazismo, il proponimento che, passata la tempesta, si doveva coltivare la speranza e non l'odio.

Nel 1947, sul punto di dare alle stampe un libro — un mattone pesantissimo, ma allora ci tenevo abbastanza — sentii di doverlo dedicare a Rinaldo Dohrn «con gratitudine ed amicizia». E quanti biologi nutrono, sia pur con minore urgenza di me, i medesimi sentimenti verso Rinaldo Dohrn, verso la Dinastia dei Dohrn e la Stazione Zoologica? Gratitudine non tanto per l'abbondanza del materiale, per l'efficienza dello strumentario, per la ricchezza della biblioteca a loro disposizione, quanto per l'atmosfera, per il clima spirituale dell'Acquario creato da Antonio e mirabilmente mantenuto da Rinaldo; gratitudine che il padrone di casa, sempre cortese, sapeva e voleva mutare in molti casi in amicizia duratura. La signora Tania, la compagna perfetta, contribuiva efficacemente a mantenere questo clima ad un tempo stimolante e rasserenante; e la terza generazione saprà continuare, ne sono sicuro, la grande tradizione.

Per molti biologi amare il proprio lavoro e il proprio laboratorio significa anche voler bene alla Stazione Zoologica di Napoli, e per mezzo secolo Rinaldo Dohrn è stato la Stazione Zoologica.

Eckart Peterich

Ein Weltmann*

Erinnerung an Reinhard Dohrn

Reinhard Dohrn hatte Zoologie studiert und wurde der Nachfolger seines Vaters Anton in der Leitung der von diesem gegründeten Zoologischen Station in Neapel. Auch als vor einigen Jahren sein Sohn Peter die Leitung des Instituts übernahm, blieb Reinhard eng mit der Station verbunden. Sein langes Leben ist also durchaus in der Bahn verlaufen, die er in jungen Jahren eingeschlagen hatte; und so wäre von diesem Leben eigentlich nur zu berichten, daß Reinhard Dohrn sein väterliches Erbe gewissenhaft verwaltet, klug gemehrt und durch zwei Weltkriege unversehrt hindurchgebracht hat:

* Süddeutsche Zeitung, Dezember 1962.

eine Achtung gebietende Leistung, die ihm vor allem unter den Naturforschern auf der ganzen Erde ein gutes Angedenken sichert.

Aber Reinhard Dohrn hat weit über diesen Kreis hinaus sehr viele Freunde gehabt, die sein Tod schmerzt und die ihn ihr Leben lang nicht vergessen werden. Denn es war etwas an ihm, was selten und darum kostbar geworden ist: er war ein edler Mensch. Und indem ich das Wort „edel" niederschreibe, wird mir bewußt, wie altmodisch es heute schon für viele Ohren klingt, weil Menschen, die man so nennen kann, ebenfalls aus der Mode gekommen sind. Eigentlich ist Reinhard Dohrn das gewesen, was man heute einen Kulturmanager nennt, aber er war das Gegenteil eines solchen. Denn er besaß die Kultur, die er managte. Seine Bildung ging weit über die Naturwissenschaften hinaus, in denen er nicht mehr wie sein Vater, der Darwinist, eine neue Religion sah. Seine literarischen, musikalischen, künstlerischen Interessen waren groß, und er fand Muße, sich ihnen zu widmen. Er fand Muße auch für andere Menschen. Er besaß die selten gewordene Tugend, Briefe zu beantworten, so oft wie möglich mit der Hand und in einer kleinen, schönen Schrift. Wenn er aber diktieren mußte, unterschrieb er leserlich; und seine Unterschrift unterschied sich in nichts vom handgeschriebenen Brieftext. Er sprach und schrieb fünf Sprachen geläufig und ohne fremden Akzent, darunter das Russische, außerdem den melodischen neapolitanischen Dialekt, wie er denn überhaupt ein großer Kenner und Liebhaber des vielverleumdeten Neapel gewesen ist. Er war ein langer, schlanker Mann mit einem sehr schönen, fein gezeichneten, überaus zarten Gesicht. Er bewegte sich und sprach eher langsam. Er verstand es, aufmerksam zuzuhören, und ließ die anderen immer ausreden. Bevor er selbst sprach, hatte er über das nachgedacht, was er sagen wollte; er improvisierte selten oder nie. Dabei hatte er durchaus etwas Unpedantisches. Er war, was man einen Weltmann nennt, aber alles andere als oberflächlich oder frivol: zugleich ein liebenswürdiger und weltkluger Neapolitaner, ein Deutscher, der in Goethes Haus willkommen gewesen wäre, und der vollkommenste Europäer, der mir je unter Menschen begegnet ist, die keine Künstler waren. Vielleicht war ihm nichts so zuwider wie der Nationalismus.

Er verfügte über jene bezaubernde zuverlässige Höflichkeit, die zugleich aus dem Herzen und aus dem Verstand kommt, sozusagen der erste Schritt auf dem weiten Weg zur Nächstenliebe ist. Er konnte als ein vollendeter Diplomat gelten, weil er das Gegenteil von einem Intriganten war. Er war ein Gentleman, weil er keinen Neid und keinen Geiz kannte, vor allem nicht das Geizen mit der eigenen Person. Er hatte Zeit, weil er sie sich nahm. Er war zeitlos gesinnt und weder im optimistischen noch im pessimistischen Sinn ein Romantiker, sondern ein Realist, darum ein Liebhaber des

Klassischen. Das Deutsche und das Slawische in seiner Natur — seine Mutter war Polin — hatte er, wo es ihm als Gefahr erschien, durch das Mediterrane seiner Erziehung gebändigt. Er hat es mit sich selbst oft schwer gehabt, ist mit sich hart gewesen. Aber man mußte ihn sehr gut kennen, um das auch nur zu ahnen. Denn er sprach nie von sich. Er war von vollendeter Objektivität und darum ein Vorbild von Grazie und Natürlichkeit. Überhaupt ein Vorbild.

Margret Boveri

Reinhard Dohrn*

Ein Leben für die Zoologische Station Neapel

Im Gegensatz zu seinem Vater, dem Begründer der Zoologischen Station in Neapel, im Gegensatz auch zu seinem Sohn, der das Institut heute leitet, war Reinhard Dohrn keine stürmische Natur. Heinz Holldack, der deutsche Generalkonsul in Neapel, hat mit Recht von einer seiner „höchst persönlichen Eigenschaften, seinem Bedürfnis nach Harmonie und seiner Begabung für Harmonie“ gesprochen. Aber als geübter Seemann konnte R. D. auf einem der kleinen Stationsdampfer die heftigen Stürme, die manchmal in kürzester Zeit die sonnigheitere See des Golfs von Neapel in ein von Wind und Regen gepeitschtes Meer verwandeln, ebenso genießen wie er sich von den antikhalcyonischen Tagen Süditaliens in tiefster Seele beglücken ließ. Ihm eignete eine Naturverbundenheit seltener Art: eine aufmerksame, mitschwingende Empfänglichkeit für die zartesten, wie für die kräftigen, ja auch die gewalttätigsten, ihrer Vorgänge. Geruchseindrücke, die Jahrzehnte zurücklagen, das langsame Wachstum einer Pflanze, die Farb- und Bewegungsnuancen eines Fisches im Aquarium, das Aroma eines Apfels, die Formschönheit sizilianischer Bäume, die er zum erstenmal erblickte — all den Dingen, an denen andere eilig und mit schnellem Vergessen vorübergehen, verlieh er durch eine hingegebene Anteilnahme eine erhöhte Gegenwart. Noch als alter Mann berichtete er über eine Reise auf einem „sympathisch altmodisch eingerichteten“ Frachter nach Schottland und von seiner Bewegung, als er während eines steifen Südwests am Skagerrak von der Lektüre der „Mutiny on the Bounty“ aufschauend, durch den Wellenschwall hindurch plötzlich eine Dreimastbark erblickte, die „mit

* Sonderdruck aus der Frankfurter Allgemeinen Zeitung, Februar 1963

sturmgerafften Segeln scharf am Winde liegend" gefährlich nah den Kurs seines Schiffes kreuzte.

Ähnlich hätte Dohrn auf seine Weise gewiß auch das große Schauspiel des vorweihnachtlichen Orkans über Südeuropa aufgenommen, der seinen Höhepunkt erreichte, als er im englischen Friedhof hoch über der Stadt Neapel, deren Ehrenbürger er war, begraben wurde. Unten am Meer, in der Zoologischen Station, ruhte seit der Stunde seines Todes die Arbeit. Die alten Steineichen, auf die er durch das Fenster seiner Loggiatür so oft geblickt hatte, wurden von den heftigen Stößen des Scirocco geschüttelt, die Palmen beugten sich unter dem Windsturm, die Schiffahrt auf dem Golf war lahmgelegt, der alte weise Zoologe Paul Buchner hoffte in seinem Haus auf Ischia vergebens, das Festland erreichen zu können, um zu den dichtgedrängten Menschen in und vor der Friedhofskapelle von seiner Trauer über den Verlust des Freundes und außergewöhnlichen Mannes reden zu können.

Mit Buchner trauerten die Biologen der Welt. Der Mann, der da am 16. Dezember 1962 zu Grabe getragen worden ist, war ihnen, den Zoologen und Botanikern, den Physiologen, Anatomen und Pathologen, den Biochemikern und Biophysikern jahrzehntelang der großzügige Gastgeber an einer Forschungsanstalt ohnegleichen gewesen. Obwohl sie aus den verschiedensten Ländern aller bewohnten Erdteile kamen und außer ihrer Wissenschaft oft wenig gemein hatten, durften sie sich der Station auf eine besondere, geradezu heimatliche Weise zugehörig fühlen. Denn Anton Dohrn, Reinhards Vater, hatte vor nahezu 100 Jahren, nachdem die neue Lehre Darwins die Zoologie aus einer beschreibenden Gelehrsamkeit in eine am lebenden Material experimentierende Wissenschaft verwandelt, und nachdem er selbst den Entschluß gefaßt hatte, den Angehörigen dieser Wissenschaft eine Arbeitsgelegenheit am Mittelmeer zu schaffen — Anton Dohrn hatte den Einfall gehabt, zur Finanzierung seiner damals nahezu unvorstellbar kühnen Pläne nicht nur ein großes Schauaquarium zu bauen, sondern ein System internationaler Tischmieten zu schaffen. Mieter dieser „Arbeitstische" wurden seitdem viele Regierungen, manche Universitäten wie Cambridge und Oxford und einige wissenschaftliche Körperschaften. An solch einem „Tisch" wird der auswärtige Forscher nicht nur Tag für Tag mit lebenden Pflanzen und Tieren aus dem Meer versorgt, sondern mit allen erforderlichen Arbeitsutensilien: Aquarien, Chemikalien, Zentrifugen, Gefriervorrichtungen, Warburg-Apparaten — neuerdings auch mit Rechenmaschine, Geigerzähler, Quarzspektrograph, Fluorometer, automatischem Aminosäuren-Analysator und was die heutige Wissenschaft sonst an modernen Elektrogeräten entwickelt hat.

Als 29jähriger, nach dem Tod des Vaters, den er während langer Krankheits- und Depressionsperioden schon vertreten hatte, wurde Reinhard Dohrn der persönliche, private Eigentümer der Station, ein liebenswürdiger, hochgewachsener, athletischer junger Mann, von dem Irene von Hildebrand, deren Mann einst die Fassade des ersten Stationsbaus gezeichnet und mit Marées den Freskensaal ausgemalt hatte, damals schrieb: „Die verantwortliche Stellung, in die er so jung gekommen ist, hat ihn sehr entwickelt, dazu kommt seine sehr vorteilhafte Erscheinung, die ihn auf den ersten Blick beliebt macht." Die älteren Biologen, die schon an der Station gearbeitet hatten, als noch alle Forscher in einem großen Saal im ersten Aquariumsbau beisammen saßen und noch nicht über Einzellaboratorien verfügten, waren im Jahr 1909 nicht so leicht zu gewinnen. Bei den Neapler Tischgesprächen jener Jahre ist die Frage häufig erörtert worden, ob der „junge Dohrn" seiner großen Aufgabe gewachsen sein werde. Wohl hatte er Zoologie studiert, wohl zeigte er sich in allen Gesprächen über die Forschungsziele der einzelnen Stationsgäste gut orientiert, doch er war keine leidenschaftliche Forschernatur. Das hielten manche für einen Mangel. Allmählich erkannten dann die Zweifelnden, daß gerade hierin ein Vorzug lag. Denn der alte Dohrn war ihnen mit seinen Theorien, die er leidenschaftlich verfocht und experimentell bis an sein Lebensende beweisen wollte, manchmal etwas unbequem geworden. Gerade indem die Station sich entwickelte, die Zahl der gemieteten Arbeitsplätze wuchs, die Wissenschaft sich immer mehr spezialisierte, die Forschungsmethoden sich komplizierten, so daß es oft langer vorbereitender Briefwechsel und Anschaffungen bedurfte, damit der ankommende Forscher vom ersten Tag an alles vorfand, was er benötigte, zeigte sich, daß die volle Arbeitskraft und Initiative eines Mannes gerade hinreichte, die ganze Verwaltungsarbeit zu bewältigen. Bald wurde begrüßt und dankbar anerkannt, daß der junge Dohrn nicht den Ehrgeiz besaß, selber wissenschaftlich zu arbeiten. Sein Ehrgeiz, falls man von einem solchen überhaupt reden konnte, bestand allein darin: der Station zu dienen.

Das hat er sein ganzes Leben lang getan, indem er alle Qualitäten seiner Person in diesen Dienst stellte, von der angeborenen Liebenswürdigkeit bis zur Fähigkeit, sich in andere Menschen einzufühlen und sie in ihren Eigenheiten, auch den ärgerlichen Eigenheiten, zu bejahen; von der großen Begeisterungsfähigkeit bis zur moralischen und geistigen Integrität, die alle seine Handlungen bestimmte. Wenn der geniale Vater die Menschen, darunter Fürstlichkeiten, große Unternehmer und Staatsmänner, im Sturm eroberte, meist, um sie für seine Stationspläne einzusetzen, so fielen dem soviel stilleren Sohn die Herzen von alleine zu. Auch sie wurden früher oder später fast immer in den

Dienst seiner Aufgabe gestellt. Mit Reinhard Dohrn befreundet zu sein, umschloß eben auch die Bereitschaft, sich für die Station mit allen verfügbaren Kräften einzusetzen.
In welchem Ausmaß das nötig sein würde, ist erst klar geworden, als die kurzen glücklichen Jahre seines Anfangs durch den Ausbruch des Ersten Weltkriegs ihr Ende fanden. Sobald Italien 1915 gegen Deutschland in den Krieg eintrat, mußte R. D. Neapel verlassen. Er zog mit seiner Frau nach Zürich, in der Hoffnung, von der neutralen Schweiz aus die internationalen Beziehungen der Station aufrechterhalten zu können. Die jungen Eheleute wohnten in bescheidenen Verhältnissen. Im Persönlichen waren es vielleicht ihre glücklichsten Jahre, die einzigen, in denen sie sich selbst und den drei Kindern, die in der Schweiz zur Welt kamen, leben konnten. Im Hintergrund stand jedoch immer der Kummer um das Schicksal der Station in einer im Krieg sich verhärtenden Welt. Tag für Tag konnte R. D. in den Zeitungen der Kriegführenden verfolgen, mit welchen Mitteln der Haß zwischen den Völkern geschürt wurde, und in persönlichen Begegnungen erkennen, wie stark die Kriegspropaganda die Gemüter der einzelnen ergriffen und verdunkelt hatte. Ein britischer Zoologe, der zu Anfang des Jahrhunderts in seiner Dankbarkeit für Anton Dohrns Werk 10.000.— Mark in den Fonds für ein neues Laboratorium-Schiff gestiftet hatte, ging 1918 in seiner Deutschfeindschaft so weit, alles aufbieten zu wollen, um zu verhindern, daß Reinhard Dohrn wieder an die Station zurückkehre.
In diesen schlimmen Zeiten hat R. D. wohl die entscheidenden Impulse für das Wirken erhalten, das ihn — weit über den Bereich der Naturwissenschaften hinaus — an Größe und Bedeutung dem Vater ebenbürtig erscheinen läßt. Sir Edward Greys, des britischen Außenministers tieftrauriges Wort am Tag der Kriegserklärungen „Das Licht über Europa ist ausgegangen", war auch sein Wort.
Er selbst, ein „Europäer", wenn es je einen gegeben hat, aber kein Organisations- und kein Unions-Europäer, hat es in seinem Glauben an die Vielfalt individuell gewachsener Organismen vermocht, so manche Lichter des Zusammengehörigkeitsgefühls und des gegenseitigen Verständnisses wieder anzuzünden. Ihr erhellender Schein ist in seinen letzten Jahren wärmend auf ihn zurückgefallen. An seinem 75. Geburtstag erfuhr er einiges über sich, was er „selbst nie realisiert" hatte: „Wie ich auf die Menschen erweiternd und erlösend beruhigend wirken kann. Das steht in so vielen Briefen, daß ich es allmählich glaube. Wo stammt das her? Ich glaube, viel haben die Jahre bei Traube bewirkt."
Mit den „Jahren bei Traube" ist R. Dohrns Gymnasialzeit in München in den neunziger Jahren gemeint. Ludwig Traube, Professor für mittelalterliche Literatur und Paläo-

graphie, der Entdecker des mittelalterlichen Lateins als einer besonderen Sprachform und somit Begründer eines neuen Zweigs der Philologie, galt als ebenso fürsorgender wie begeisternder Lehrer. In seinem Junggesellenhaushalt unter dem Regiment eines Originals von Münchner Köchin, herrschte ein anderes Klima als zu Hause, nicht nur weil die Temperaturen in Oberbayern andere sind als am Golf von Neapel. Eine unbegrenzte Weite geistiger, politischer und menschlicher Interessen war gepaart mit einer Stetigkeit des täglichen Lebens, wie sie in den wechselnden Winden der Weltluft in der Casa Dohrn nicht möglich war.

Diese Weltluft und das Aufwachsen in großen, grenzenüberwindenden Verhältnissen war jedoch eine der grundlegenden Voraussetzungen für Dohrns Fähigkeit, die Zoologische Station zwischen den Kriegen zu einer Keimzelle der Völkerverständigung zu machen. Es war für ihn bezeichnend, daß er keinen Augenblick aufgehört hat, in großen Verhältnissen zu leben und zu denken, auch als die wirtschaftliche Basis seiner Existenz dahinschmolz. Das „groß", das hier gemeint ist, hat ja auch nicht in erster Linie auf materiellen Gütern beruht. Schon der Großvater Carl August, eine eigenwillige Natur der Romantikerzeit, einziger Sohn einer begüterten Stettiner Familie, Jugendfreund Felix Mendelssohns, Schützling Alexander von Humboldts, hatte sich seinen verschiedenartigen Liebhabereien — dem Gesang, der Übersetzung von Calderons Werken und der Entomologie — hingegeben und geschäftliche Dinge seiner Frau überlassen. Seine hohe musikalische Begabung hat sich durch die älteste Tochter Anna auf deren Enkel Wilhelm Furtwängler vererbt. Sein ältester Sohn Heinrich, Naturwissenschaftler und Parlamentarier, ein schrulliger Junggeselle, war der Begründer des Stettiner Museums. Sein jüngster Sohn Anton hatte zwar für den Anfang seines Neapler Baus vom Vater zweimal größere Summen in Talern erhalten, war aber dann als „Phantast" enterbt worden und mußte alles Weitere aus eigener Kraft, das heißt mit einem vorwärtsstürmenden Temperament, einem großen Einfallsreichtum und einer bezwingenden Überredungsgabe schaffen.

Die Mutter, Marie von Baranowska, polnisch-russischen Bluts, Tochter eines hohen russischen Verwaltungsbeamten, der freiwillig in ein zeitweiliges Exil nach Messina gegangen war, fühlte sich von Paris und London bis Warschau und Petersburg in allen Breiten Europas, in sechs Sprachen und in deren Literaturen zu Hause. Sie erfaßte als junges Mädchen mit feinem Ohr den neapolitanischen Dialekt und war in der Frühzeit des Stationsbaus die Dolmetscherin und Vermittlerin zwischen den einheimischen Fischern und Handwerkern und der ausländischen Gruppe von Zoologen, Architekten, Schriftstellern, die den Freundes- und Arbeitskreis Anton Dohrns bildete. Sie hing an dem Baranowskischen Gut Wydranka in Weißrußland, führte dort moderne landwirtschaftliche Methoden ein und vermittelte ihren vier Söhnen auf winterlichen Schlittenfahrten durch tiefverschneite Wälder ein Gefühl für die Weite des ostwärts sich erstreckenden Agrarlandes. Sogar der jahrhundertealte Konflikt zwischen Deutschen und Polen ist vor Reinhard und seinen Brüdern zwischen ihr und Anton Dohrn ausgefochten worden, als sie, durch Bismarcks Germanisierungspolitik verletzt, daranging, Kalinkas Geschichte des letzten polnischen Reichstags, ein Werk von mehr als 1400 Seiten zu übersetzen und mit einem einleitenden Essay zu versehen. Ihr Mann sah darin die Rebellion der Polin gegen den Angehörigen des neugegründeten Deutschen Reichs. Er stellte sich aber vor seine Frau als die sorgenden Freunde, der Botschafter von Keudell und der Nationalliberale Hammacher, erklärten, eine Veröffentlichung des Buches müsse die Stellung der Station in den Augen der Berliner Regierungsämter gefährden. Anton Dohrn überwand die Schwierigkeit in der ihm gemäßen Form der offenen Attacke, indem er die Angelegenheit bei einem Hofempfang vortrug und bei Wilhelm II. Verständnis fand. Der Vorfall war ein Beispiel dafür, wie eng die privaten Geschehnisse in der Familie Dohrn mit dem Geschick der Station von jeher verknüpft waren.

Ein ganz anderes Rußland als das der adligen Mutter lernte Reinhard Dohrn 1912 in Moskau bei der Heirat mit Tania Giwago kennen. Es war das Moskau der begüterten, künstlerisch und literarisch interessierten Kaufmannsfamilien — das Theater Stanislawskys, der Boris Godunow Moussorgskis mögen als Kennzeichen dienen. Tanias schöpferisches Genie, ihr sprudelnder Einfallsreichtum beschränkten sich in Neapel nicht auf das Malen und Modellieren — in plötzlich aufquellender Lust, etwas Neues zu schaffen, griff sie in alle Vorgänge des täglichen Lebens ein. Wo ihr Geist herrschte, war es unmöglich, daß die Dinge sich routinemäßig abwickelten. Wenn sie aus einer großen Truhe farbenprächtig gestickte russische Kostüme hervorholte, dann drehten sie und Reinhard sich, in die Hände klatschend und mit den Füßen aufstampfend, in russischen Tänzen, wie sie echter wohl auch im vorrevolutionären Rußland nicht getanzt worden sind.

Waren so durch die Geburt in Italien, durch Herkunft und Heirat die Tore zur großen Welt, auch zur überseeischen offen, so kam durch die Brüder die Verbindung mit dem was in Deutschland sich regte, hinzu. Der älteste, Boguslav, hatte die Bewirtschaftung des Familienguts Hökendorf bei Stettin übernommen und hielt so die Fühlung mit der pommerschen Heimat des Vaters aufrecht. Noch Jahre nachdem das Gebiet von den Polen besetzt worden war, konnte R. D. bei der Erörterung der Frage, warum in einem oberfränkischen Dorf die Milch und der aus ihr gewonnene Weißkäse so viel köstlicher schmeckten als anderswo, die Gerüche und die unsichtbare Flora des Hökendorfer Milchkellers erinnernd heraufbeschwören und die besonderen Vorzüge der dortigen Dickmilch rühmen. In der Weimarer Republik hat dieser Bruder als Mitglied der Demokratischen Partei Fühlung mit den Politikern der Reichshauptstadt gehalten und im Auftrag der Station manchen Gang zu den Berliner Behörden getan. Der zweite Bruder, der expansive Wolf, hatte des Vaters Drang geerbt, etwas noch nie Dagewesenes ins Leben zu rufen. Er war ein Anhänger Friedrich Naumanns, Mitbegründer und Leiter des Werkbunds, und hat als frühes Experiment handwerklichen, künstlerischen, sozialen und geistigen Zusammenwirkens die Bildungsanstalt und Gartenstadt Hellerau gegründet, wo vor dem Ersten Weltkrieg Heinrich Tessenow baute, Jakob Hegner druckte, Jacques Dalcroze seine Schule für Rhythmik einrichtete und wo die Festaufführungen von Glucks „Orpheus" von Claudels „Annonce faite à Marie" zu Höhepunkten eines neuen europäischen Lebensgefühls wurden.

Das war die Welt, in die 1914 der Krieg einbrach. Seine psychologischen und ideologischen Auswirkungen waren weitaus zerstörender als die Verwüstungen der Materialschlachten. Sie trafen Dohrn in den weit verzweigten Lebenssphären, mit denen er sich verbunden fühlte. Dalcroze verließ in einer Aufwallung von Deutschenhaß Hellerau und baute in Genf ein Konkurrenzunternehmen auf. Die Mutter fand während der bolschewistischen Wirren auf ihrem Gut Wydranka den Tod. Die Zoologische Station und alle sonstigen Besitzungen der Dohrns in Neapel, auf Ischia und in Forte dei Marmi wurden vom italienischen Staat beschlagnahmt. Die Internationalität der Wissenschaft, die vor 1914 so selbstverständlich gewesen war, und die zu den Lebensvoraussetzungen der Station gehörte, war zerbrochen. Dem Neuanknüpfen von Beziehungen mit den nachrückenden Generationen standen undurchdringliche Vorurteile gegenüber.

Kein Wunder, daß Reinhard Dohrn fortan mit allen Fasern seines Wesens bemüht war, diesem Unheil zu begegnen. Doch kehrte er als Enteigneter nach Neapel zurück. Sein einziger Besitz war das Bild der Station, das er in sich trug, das er noch einmal zum Leben erwecken wollte. Seinem Wesen entsprechend konnte er den Kampf nicht mit den nächstbesten Waffen, seien es die der Opportunität, der Intrige oder der Attacke führen, die vielleicht schneller zu einem vorläufigen Ergebnis, aber gewiß nicht zum eigentlichen Ziel, einer Stabilisierung des Vertrauens, geführt hätten. Seine Art war, die Menschen mit der Klarheit seines Denkens, der Selbstlosigkeit seiner Absichten, der Offenheit für die Überzeugungen und Bedingtheiten der Mitmenschen zu gewinnen. Scheinbar schwache Waffen — und bei ihm, der die Gaben der Mitmenschen so oft über-, die eigenen so leicht unterschätzte, fehlte es in jenen Jahren nicht an Augenblicken des Kleinmuts.

Es ist hier nicht der Ort, auf die verwickelten Schwierigkeiten einzugehen, die er zu überwinden hatte, bis er im Frühjahr 1924 die Leitung der Station wieder übernehmen konnte — allerdings nur als ihr auf fünf Jahre angestellter, absetzbarer Direktor. Viele Kräfte wirkten im Für und Wider der langen Auseinandersetzungen durcheinander: der Staat, dessen Regierungen Anfang der zwanziger Jahre noch häufig wechselten; die Stadt Neapel, mit der Anton Dohrn einst seinen Bau- und Pachtvertrag geschlossen hatte; entgegengesetzte Strömungen in der italienischen Wissenschaft, und zwar Dohrn-freundliche, die auf alter Mitarbeit, Dankbarkeit und Verbundenheit beruhten und -feindliche, teils nationalistische, teils aus Gefühlen des Neids und Ehrgeizes geborene in Männern, die selbst die Führung des international berühmten Instituts übernehmen wollten. Ein Beispiel für die Art der Verwicklungen: an einem Tag verfügte Italiens großer liberaler Philosoph Benedetto Croce, der damals in Rom als Kultusminister amtierte, daß die Station an Reinhard Dohrn zurückzugeben sei — am nächsten Tag wurde sie im Gegenzug von der Stadt Neapel besetzt. Dem Vergleich, der nach jahrelangem Prozessieren schließlich erreicht wurde, ist Dohrn, obwohl er für ihn privat alles andere als günstig war, vom ersten Tag an treu geblieben: die Zoologische Station wurde von der italienischen Regierung zu einem Institut des öffentlichen Rechts mit eigener juristischer Persönlichkeit (Ente morale) gemacht, an dessen Spitze ein Verwaltungsrat eingesetzt wurde — ein Verwaltungsrat, in welchem in der ersten Amtsperiode noch der schärfste Gegner Dohrns saß. Dohrn wurde gleichzeitig zum Bevollmächtigten des Verwaltungsrats und zum Direktor der Station ernannt. Als unter dem Auftrieb der deutschen Siege in den Jahren 1939 und 1940 Berliner Stellen den Wunsch zeigten, die Station für den deutschen Staat zu vereinnahmen, und sich in Rom kaum Gegenkräfte zur Wehr setzten, hat Dohrn seine Loyalität gegenüber der gefundenen Lösung und dem Gaststaat bewiesen, indem er mit seiner stillen Diplomatie an einflußreichen Stellen dahin wirkte, den bisherigen Zustand fortbestehen zu lassen. Die Lösung garantierte immerhin jenes Minimum an Eigenwüchsigkeit und Autonomie, ohne das die Fortentwicklung der Station undenkbar ist. Schon Theodor Heuss hat in seiner Biographie über Anton Dohrn bemerkt: „Wie gut für sein Werk, daß die frühen wohlmeinenden Bemühungen etwa des Botschafters von Keudell, die Station einfach vom Staate übernehmen zu lassen, und ihn selber damit von den Sorgen frei zu machen, im amtlichen Berlin auf Ablehnung stießen! Die Nöte haben es neben der persönlichen Phantasiekraft vor aller Erstarrung

bewahrt." Der relativen Unabhängigkeit von der Behördenwelt verdankt die Station auch heute noch die Anpassungsfähigkeit an neue Bedürfnisse, die Beweglichkeit und Empfänglichkeit für neue Ideen und Richtungen und die Möglichkeit, in Fällen, in denen ein Land oder eine Organisation sich für eine Weile außerstande sehen, einen Tisch zu mieten, den Forschern dieses Landes doch großzügige Gastfreundschaft zu gewähren. Wer als junger Deutscher das Glück hatte, ab Mitte der zwanziger Jahre an den sich konsolidierenden Verhältnissen der Station teilzuhaben und gleichzeitig das intensive mit der Station unzertrennlich verknüpfte Dasein in der Casa Dohrn mitzuerleben und zu erleiden, hat noch manche Nachwehen des langen Kampfes verspürt. Es gab unter den Abteilungsvorständen und Assistenten vereinzelte, die während Dohrns Abwesenheit eingestellt worden waren und dem ihnen fremden zurückkehrenden Direktor mißtrauisch wenn nicht feindselig gegenüberstanden — einer, der später als Bibliothekar zu den Stützen des Hauses wurde, ging in jenen Jahren, ohne Dohrn auch nur zu grüßen, in der Station seiner Wege.
Da Neid, Mißgunst und Niedertracht die einzigen „Naturphänomene" waren, die R. D. nicht ertragen konnte, ja, die ihn physisch krank machten, gab es Wochen der Niedergeschlagenheit und Mutlosigkeit, Zeiten der „Talwanderung", wie R. D. sie selber nannte, in denen die Korrespondenz sich unerledigt auf den Schreibtischen häufte, alles Tun vergebens schien, und nur die Lebensenergie und der Optimismus von Tania vermochten, die Krisen zu wenden. Um so eindrucksvoller die Leistung: daß die Mitglieder des Verwaltungsrates sich in die überzeugtesten Befürworter bleibenden Dohrnschen Einflusses auf die Station verwandelten, daß der noch überlebende unter den einst mißtrauischen Assistenten, heute wohlbestallter Ordinarius an einer großen italienischen Universität, zum treuesten Anhänger Reinhard Dohrns wurde, daß schon nach Ablauf der ersten fünfjährigen Amtsperiode die Leitung der Station R. D. auf Lebensdauer übertragen wurde; daß die Einsicht von der Unentbehrlichkeit Dohrnscher Welterfahrenheit für das Gedeihen der Station statuarisch in der Bestimmung festgelegt wurde, ein Angehöriger der Familie habe als ständiges Mitglied dem Verwaltungsrat anzugehören; und schließlich: daß der Übergang vom Vater zum Sohn Peter in den fünfziger Jahren reibungslos vollzogen werden konnte.

* * *

Die Probe auf das, was Dohrn mit wachsender Zuversicht nicht nur an italienischem, sondern auch an internationalem Vertrauen im weit gespannten Gewebe der Stationsbeziehungen geknüpft hatte, brachte der Zweite Weltkrieg. Die Leidenschaften der

Völker wurden nun mit den Mitteln der psychologischen Kriegführung noch viel schlimmer gegeneinander aufgerührt als im Ersten. Doch der Haß konnte die Station und Dohrn nicht mehr berühren, so unangreifbar war seine persönliche Stellung geworden. Am kritischsten war die Lage im Sommer und Herbst 1943 — die Absetzung Mussolinis, die Landung der Alliierten in Salerno, der Abzugsbefehl für die deutschen Truppen in Neapel, einschließlich des Befehls, alle Bauten des Ufergeländes, auf dem auch die Station lag, zu räumen und der Gefahr, daß sie gesprengt werden könnten. Da bewährten sich unter allem Argwohn der Briefzensuren und Abwehrmechanismen hindurch die Freundschaften und Treuegefühle, die unter R. D. in Neapel entstanden waren. Eine einstige Stationssekretärin konnte von einem neutralen Lande aus im August die Nachricht von der Bombardierung der Casa Dohrn und der Gefährdung der obdachlos gewordenen Familie nach Cambridge senden. Derselbe Zoologe, der sich 1918 so feindselig gezeigt hatte, wies in einem langen Brief an die „Times" auf die Dohrnschen Verdienste und auf die Wichtigkeit hin, die Station am Leben zu erhalten. Nach der „Überrollung" Neapels durch die Alliierten kam die moralisch und finanziell gleich ermutigende Nachricht, daß die Royal Society eine außerordentliche Beihilfe von 1000 Pfund Sterling bewilligt habe. Kurz zuvor, am Tag vor dem Abzug der deutschen Truppen, hatte die älteste Tochter, Dr. Antonie Dohrn, selbst Medizinerin und Naturforscherin, die 70 km vom Notquartier der Dohrns in Sorrent nach Neapel zurückgelegt, war in dem Wirrwarr hin und her flutender Zivilisten und Soldaten auf den stellvertretenden Direktor der Station, Professor Montalenti, gestoßen, der wegen des Sperrbefehls die Station nicht betreten durfte, hatte den Beistand eines deutschen Stabsarztes gefunden und durch ihn eine Sondergenehmigung zum Betreten des Baus erwirkt. Das war die Rettung im letzten Augenblick. Denn zum ersten Male seit der Gründung des Aquariums hatten die Pumpen aufgehört zu arbeiten, und unter der sommerlichen Hitze waren die wertvollen, teils jahrzehntealten Tiere im stagnierenden Wasser des Aquariums am Erliegen. Nun war die Reihe an den italienischen Angestellten der Station, ihren Erfindungsgeist zu bewähren. In Windeseile wurde ein kleiner Diesel-Bootsmotor aus dem Seeigel-Sammelboot am Hafen ausgebaut, durch das Schwungrad über Treibriemen mit einem alten Generator gekoppelt und so das Meerwasser wieder in Umlauf gesetzt. Bargeldlose, echt neapolitanische Tauschgeschäfte mit Treibstoff, Strom und Holz sorgten für manches, was sonst noch fehlte.

Dohrn, der Deutsche, der sowohl in den Augen der Badoglio-Italiener wie der gelandeten Alliierten als Feind hätte behandelt werden müssen, nahm, von beiden Seiten geachtet und mit Sondergenehmigungen versehen, in dieser schwierigen Endzeit des Krieges eine Ausnahmestellung ein, wie sie sonst wohl kaum irgendwo einem Deutschen gewährt worden ist. Noch vor der deutschen Kapitulation hatten die Schweiz und Schweden ihre Tischmieten erneuert, dann meldeten sich Oxford und Cambridge und der „American National Research Council“.

Sorgen, finanzielle, verwaltungstechnische, politische, gab es noch übergenug. Doch die Stimmung war eine andere als nach 1918. In dem zweiten Brief, der 1945 die Absperrungsmauern um das besetzte Deutschland durchstieß, geschrieben an den Bruder Boguslav, der seit einigen Jahren Mitglied des Verwaltungsrats war, heißt es: „Wenn Du an die Zeit nach dem vorigen Krieg zurückdenkst und an meine Seelenverfassung damals, dann wirst Du ermessen können, wie erstaunt ich selber bin, daß mir das Schicksal jetzt den guten Mut gelassen hat — ja, noch eine Portion dazugegeben hat.“ Die Tiefenpsychologen würden auf den Begriff „Schicksal“ verzichten und sagen, Dohrn selber habe die gute Reaktion der Umwelt konstelliert. Seine Atmosphäre, die viel beredete, nie adäquat beschriebene, lösende und beglückende Atmosphäre, die er in seinem Bereich geschaffen hatte, war diesmal eben stärker gewesen als alle durch den Krieg ausgelösten unheilvollen Kräfte.

Diese „Atmosphäre“ ist wahrscheinlich so schwer zu fassen, weil sie sich aus sehr verschiedenen Elementen im Wesen Dohrns zusammensetzte: ererbten und erworbenen, unbewußten und bewußten. Ererbt: neben der Weite des Weltbewußtseins und dem sicheren Gefühl für Qualität bei Menschen und Dingen, die innere Größe, das Noble, was manche das Aristokratische an ihm nannten. Doch das Wort könnte irreführen. Denn es handelte sich nie um eine Aristokratie des „Herrenmenschen“ — die war ihm, wo er auf sie traf, schwer zu ertragen —, immer um eine Aristokratie des Herzens. Erworben und schon seit der Kindheit ausgebildet war die Fähigkeit, in schwierigen menschlichen Situationen Geduld zu üben, das befreiende Wort zu finden, Gegensätze zu lösen, Zusammenleben zu ermöglichen. Im Hause Dohrn waren ja von jeher alle seelischen Dinge mit einer Leidenschaftlichkeit ausgetragen worden, die an die Dramen früherer Jahrhunderte erinnerte. Da gab es keine kühle Selbstbeherrschung, kein „keep smiling“, wenn ein bitterer Schmerz, ein tiefsitzender Groll, eine aufblühende Zuneigung die Seele erfaßt hatte. Das hat sich Generation für Generation, angefangen im Stettiner Haus der Urgroßeltern, wiederholt. Darunter haben Reinhard und seine Brüder in den Konfliktzeiten der Eltern gelitten, und das konnte auch in dem großen Haushalt, dem er selbst vorstand, wo neben Eltern und Kindern, Großmutter, Hausdame und Stationssekretär oder -sekretärin als ständigen Mitbewohnern noch Neffen oder Nichten, russische Emigranten oder begabte junge Schützlinge auf unbestimmte Zeit aufgenommen wurden, zu tiefgehenden Parteiungen führen. Immer war dann Reinhard Dohrn als Mitte des Ganzen derjenige, der die Spannung für alle durchstand, bis wieder „halcyonische" Tage anbrachen. Zur Feier mochten dann die Geschäfte, so bedrängend sie gerade waren, und die Schulverpflichtungen der Kinder beiseite geschoben werden und ein gemeinsamer Ausflug in die macchiaduftenden cumäischen Gefilde zur Höhle der Sybille gemacht werden. Denn Tania wie Reinhard Dohrn hatten die Gabe, die gute Stunde zu ergreifen, wenn sie sich gab. Der Begriff „Freizeitgestaltung" wäre in diesem Haus und im Stationsbetrieb unvorstellbar gewesen. Der Rhythmus des Lebens ergab sich aus seinen menschlichen Anforderungen, Freuden und Sorgen — die Arbeit hörte sowieso niemals auf. Sie wurde des Abends in den Aktentaschen mit nach Hause getragen und, wenn sie besonders kompliziert war, auf dem Bechstein-Flügel zur Bearbeitung ausgebreitet.

Unbewußt war die Ausstrahlungs- und Anziehungskraft der eigenen Person, die auch in den Zeiten wirkte, in denen R. D. selbst das Zutrauen in die eigene Kraft verloren hatte. Wenn er das Zimmer betrat oder sich zwischen den Mitarbeitern und Stationsgästen an die lange Tafel der „mensa" setzte, ging ein Fluidum von ihm aus, dem kaum jemand sich entziehen konnte, ein Gefühl gehobenen Daseins, das auch die Mitmenschen ergriff. Wer zum ersten Mal ins Gespräch mit ihm kam, spürte, wie die Welt sich weitete, und sah plötzlich Tore in Mauern sich öffnen, von deren Vorhandensein im eigenen Denken er bis zu diesem Augenblick gar nichts geahnt hatte. Da kam manches an unbewußten und bewußten Vorurteilen zum Einsturz, das vielleicht durch vorangegangene Erfahrungen schon angestoßen war und sich in der Gegenwart dieses serenen und souveränen Geistes als unhaltbar erwies. Das Grenzen Überwindende, von dem oben die Rede war, teilte sich auch dem Gegenüber mit. In guten Zeiten konnte sich R. D.s innere Heiterkeit bis an die Grenze des Übermuts steigern. Dann mochte er mit einem teilnehmend fragenden „Hm?" einem Gesprächspartner seine Beschwernisse entlocken, mit einer leicht auf die Schulter gelegten Hand dem Freund sein Einverständnis bezeugen oder mit dem Lächeln, das seine Mundwinkel kräuselte und viele kleine Fältchen um seine Augen zog, die Freude über ein treffendes Wort quittieren.

Ganz bewußt aber war, wie er seine Weltanschauung, die er liberal nannte, im täglichen Leben der Station und in deren auswärtigen Beziehungen einsetzte. „Liberal" — das hieß bei ihm: jeden in seiner Eigenart erkennen, anerkennen und behandeln. Das Stations-Sekretariat glich einem kleinen Auswärtigen Amt — denn all die fremden

Regierungen, die mächtigen amerikanischen Stiftungen mit ihrer eigentümlichen Rechnungsführung, die gelehrten Akademien und Gesellschaften, ob in London, Moskau oder Washington, in Kopenhagen, Rom oder Berlin, mußten diplomatisch

Reinhard Dohrn am Teetisch des Sekretariats, während der schweren Vorkriegsjahre

angesprochen oder ermuntert werden, ebenso wie die Vertreter, die einige von ihnen entsandten, um darüber zu beraten, wie die immer wieder auftretenden Lücken im Budget durch mehrjährige Zuwendungen oder einmalige zweckbestimmte größere Zuschüsse ausgeglichen werden könnten.

Am wichtigsten war dieses Wirken naturgemäß bei dem „permanent tagenden Kongreß" von Naturwissenschaftlern an der Station selbst, besonders in den Zeiten der Hochsaison im März und April, wenn manchmal fast ein halbes Hundert Forscher sich zur gleichen Zeit einfand und mehr „Tische" besetzte, als tatsächlich vermietet waren. Da kamen Professoren aus den hochtechnisierten Nationen, die ohne jedes Nachdenken und ohne sich umzuschauen die Italiener pauschal für ein heruntergekommenes Volk von Taschendieben hielten und eines Besseren belehrt werden mußten, wogegen umgekehrt viele Italiener so manche Gepflogenheiten der Nordländer für pure Barbarei hielten. Bis der Stalinsche Terror alle Auslandsbeziehungen unmöglich machte, kamen auch noch Zoologen aus der Sowjetunion, die untereinander höchst verschiedene Ansichten vertraten. Die älteren waren keine Bolschewisten, unter ihnen ein einstiger zaristischer Kultusminister, den die Revolutionäre zum Tode verurteilt hatten, der jedoch, nachdem er als Flüchtling im sibirischen Exil die Universität Irkutsk mit aufgebaut hatte, mit dem Orden „Heros der Arbeit" ausgezeichnet worden war und in Neapel noch einmal Lebensformen genießen konnte, die es in der Heimat längst nicht mehr gab. Die jüngeren Sowjetrussen erklärten sich mit ihrem System einverstanden, und diese „Bolschewiken" trafen dann wieder mit russischen Emigranten zusammen, die ihr einstiges Heimatland mit Abscheu betrachteten, oder auf Angehörige der selbständig gewordenen baltischen Staaten, für die die zaristische Regierung Zwingherrschaft gewesen war, während sie in der Sowjetunion Gefahren für ihre Zukunft witterten. R. D. nahm sie alle als Menschen.

Indem er einem jeden dazu verhalf, sich in seinen wissenschaftlichen Leistungen zu zeigen und seine sonstigen Gaben zu entfalten, schmolzen die nationalen und ideologischen Vorurteile, auch die zwischen Weißen und Schwarzen, meist dahin. Taten sie es nicht, dann mochte ein scherzendes und manchmal auch ein ernstes Wort den Schmelzprozeß auslösen und beschleunigen. „Addomestizieren "nannte Dohrn den Vorgang. Und so wenig er im allgemeinen von seinen Gaben hielt — an seiner Fähigkeit des „Addomestizieren" hat er nie gezweifelt.

Schroff wurde er nur gegenüber sturem Fanatismus. Eines Tages, lange vor der Machtergreifung Hitlers, erschien der Münchner Bildhauer, der einst die große Plastik für den letzten Erweiterungsbau der Station geschaffen hatte. Er war ein begeisterter Nationalsozialist und wollte Dohrn bekehren. Es gab eine kurze erregte Auseinandersetzung. Der Mann wurde nicht wieder empfangen. Andererseits zeigte sich R. D. im Nach-Hitlerschen Deutschland unmutig über die Art, wie den Menschen auf denunziatorische Weise ihr oft harmloses Mitläufertum als Belastung angerechnet wurde. Er fand, die

Italiener hätten ihre Abrechnung mit dem Faschismus auf viel natürlichere und dadurch weniger vergiftende Weise zuwege gebracht. Äußerungen des Antisemitismus konnte er mit einem seiner besonderen Schätze begegnen, einer Sammlung jiddischer Sprichwörter, einer Erbschaft Traubes. Wieder war es nicht das Gleichmacherische, was er anführte, sondern die ausgeprägte, vielleicht sogar überspitzte Besonderheit, an der er sich freute und die er bejaht wissen wollte.

Das Sprichwörterbuch stand in der kleinen Bibliothek der Casa Dohrn, dem hohen hellen Haus am Rione Amedeo, von wo der Blick über ein altes Nonnenkloster hinweg auf den flimmernden Golf und die fernen Umrisse Capris und der Sorrentiner Halbinsel ging. Die Casa, die Familie und die Station bildeten eine unauflösliche Einheit. Viel von der Stationsatmosphäre hatte seinen Ursprung in diesem merkwürdigen Haus, in dem die Spuren von Vergangenheit und Gegenwart, von südlicher Gelassenheit der Lebensführung und nordischer Initiative, von östlicher Gefühlsintensität und deutscher Nachdenklichkeit sich fast greifbar verdichtet hatten. In der weiten Gastlichkeit der Casa trafen sich die Naturwissenschaftler mit Reisenden, die, aus allen Windrichtungen kommend, in Neapel anlegten, Diplomaten auf dem Weg an einen neuen Posten, Schriftsteller, Schauspieler, Maler, die im Süden Erholung oder Arbeitsruhe suchten, Staatsbeamte, Industrielle, Bankiers, Fürstlichkeiten. Leonhard Woolley erschien auf dem Weg zu seinen Ausgrabungen in Mesopotamien; Meier-Graefe, der vor Jahren in den Dohrnschen und Hildebrandschen Rumpelkammern die Skizzen und Bilder von Marées aufgespürt und gerettet hatte, berichtete nun von seinem ersten Besuch in Amerika; Maxim Gorki, von seinem Exil in Sorrent herübergefahren, trank Tee mit Zitrone, sehr still, und mit intensiv blauen Augen. Höhepunkte waren die Besuche von Adolf Busch mit seinem Quartett und Rudolf Serkin. Nach dem Konzert zog alles in die Casa, und es wurde weitermusiziert, bis in die frühen Morgenstunden hinein. Am anderen Tag mochte es einen Ausflug nach Pompeji geben, und der noch so junge, vielfach übermüdete Serkin setzte sich in den Ruinen in ein sonniges Eckchen und tat einen kurzen Schlaf, während Tania die Fresken oder die Gebrauchsgegenstände der altrömischen Villen erklärte. In späteren Jahren, nachdem die Casa zerstört war, ist eine neue echt Dohrnsche Wohnung in einem alten Palazzo mit Dachgarten eingerichtet worden. Walter Riezler, der Familie verbunden, seit er in vorhitlerischen Zeiten Direktor von Heinrich Dohrns Museum in Stettin gewesen war, spielte nun auf einem neuen kleinen Bechstein-Flügel Bach, Mozart und Schubert, und R. D., der sich von nichts so ergreifen ließ wie von Musik, freute sich über das Aufleben eines eigenen neapolitanischen Musiklebens in der neugegründeten Società Scarlatti.

Doch war es nicht eine Prozession von „Prominenten", die in der Casa versammelt wurden. Ausschlaggebend bei der Wahl der Freunde war immer die Sympathie. Ebenso herzlich aufgenommen wie die Arrivierten wurden die halb oder ganz Gescheiterten, die in einer verwirrten Phase ihres Daseins Klärung und erhellende Einsicht fanden und daraus den Lebensmut für einen neuen Anfang schöpften. Wer immer konnte, brachte etwas mit oder ließ etwas zurück, um einen Teil seiner Dankesgefühle auszudrücken, und so entstand der Eindruck, als sei hier ein Brennpunkt, in den durch seine eigene Anziehungskraft aus den verschiedensten Gegenden der Welt das Beste an Neuem und Altem einströmte.

So glücklich die Verhältnisse am Ende des Zweiten Weltkrieges sich psychologisch und politisch anließen, so unbefriedigend war der Zustand der Station in allen materiellen Dingen. Der Stationsbetrieb war auf ein Minimum reduziert. Das chemische Laboratorium im Gebäude der Physiologie war von einer britischen Militärabteilung besetzt. Im Westbau hatten die ausgebombte Familie Dohrn, einige Assistenten und die Sekretärin sich provisorische Behausungen eingerichtet. An den Gebäuden und Maschinen wurden große Reparaturen nötig. Die besten Schiffe der Station waren vom Militär beschlagnahmt worden. Seit dem Krieg — er nahm für Italien schon mit dem Abessinienkrieg seinen Anfang — hatte die Station vom Lebendigen zehren müssen, das heißt auch von dem im Personal investierten Kapital an technischen Erfahrungen, die sich im Verkehr mit den Forschern aus verschiedenen Ländern angesammelt hatten, aber mit manchem, der inzwischen gestorben war, zu Grabe gingen.

Doch selbst wenn es gelungen wäre, die Station genau wieder auf den Stand von 1939 zu bringen, wäre sie nicht mehr fähig gewesen, ihre Aufgaben zu erfüllen. Die Techniken der Naturforscher hatten sich rapid entwickelt, ganz neue Zweige zusammenwirkender Einzelwissenschaften hatten sich ausgebildet, von Jahr zu Jahr änderten sich die Methoden und damit die Erfordernisse. Reinhard Dohrn, der Bewahrende und Erhaltende, war Neuerungen von jeher mit starken Hemmungen gegenübergestanden. Schon in den dreißiger Jahren hatten manche jüngeren Forscher die Auffassung, die Station und ihre Hilfsmittel seien veraltet. In der zweiten Hälfte der vierziger Jahre war der Mangel nicht mehr zu ignorieren. Das empfand am heftigsten R. D.s einziger Sohn Peter, der vor dem Krieg mit seiner Schwester Antonie in Deutschland, England und Italien Zoologie und Medizin studiert, den Krieg als Militärarzt bei der deutschen Wehrmacht mitgemacht hatte und seit der Rückkehr ebenso stark vom Drang zu eigenem Experimentieren getrieben war wie vom Wunsch, dem Vater zu assistieren. Beides gleichzeitig zu betreiben war unmöglich. Seit dem Jahr 1909 hatte sich der

Verwaltungsapparat so vervielfältigt und kompliziert, daß niemand mehr auf den Gedanken gekommen wäre, die Leitung der Station ließe sich mit der Tätigkeit eines Forschers vereinen.
Wieder gab es nun wie 40 Jahre zuvor bei den älteren Jahrgängen der Stationsgäste die Frage, ob der nunmehrige „junge Dohrn“ der Aufgabe gewachsen sein werde, das Institut zu leiten. Nur daß diesmal der Vater als Garant für die fortgesetzte Stabilität lebte und wirkte, während der Sohn vom Großvater das voranstürmende Temperament, auch den Einfallsreichtum, von der Mutter die ständige dynamische Bereitschaft zu neuen Initiativen geerbt hatte und an den Fesseln zerrte, die die Bedenklichkeiten des Vaters ihm auferlegten.
Auch das schwierige Verhältnis zwischen Vätern und Söhnen gehört, angefangen mit dem oben erwähnten Carl August und seinem Vater, zur Familientradition im Hause Dohrn. Reinhard und sein Sohn Peter haben es miteinander nicht leicht gehabt. Um so bemerkenswerter, was sie gemeinsam geschaffen haben, in den ersten Jahren noch unter Führung des Vaters, aber bei ständigem Vorandrängen des Sohnes. 1954 war dann Peter Dohrn zum Direktor ernannt worden, während der Vater als „Direktor ehrenhalber“ sich vor allem um die auswärtigen Angelegenheiten der Station kümmerte. In wiederholten Reisen in fast alle Länder Westeuropas und durch eine umfangreiche Korrespondenz gelang es R. D., die alten Beziehungen wiederaufleben zu lassen oder in neuer Weise fruchtbar zu machen, z.B. indem der alte Zoologenfreund Julian Huxley sich als erster Präsident der Unesco für die Interessen der Station einsetzte. Dagegen hat Peter Dohrn ganz neue Fäden geknüpft, vor allem mit der amerikanischen Marine, die ihn verschiedentlich einlud, an ihren Forschungsunternehmungen teilzuhaben. Er hat auch nach amerikanischem Muster als Neuerung die Veranstaltung von Symposien über bestimmte Themen durch seine Mitarbeiter eingeführt, hat also für die Station den Übergang von der ausschließlich dienenden Funktion zu eigenen wissenschaftlichen Initiativen vollzogen. Bis dahin hatte sie wohl in ihren „Pubblicazioni“ öfter Arbeiten, die in Neapel entstanden waren, veröffentlicht und einzelne Forscher für die Bearbeitung ihrer großen Monographienreihe „Fauna und Flora des Golfs von Neapel“ angestellt, jedoch sonst keinen Einfluß auf die wissenschaftlichen Arbeiten unter ihrem Dach genommen.
Nach 1954 ist dann auf Peters Drängen die größte Bauaufgabe seit dem Tode Anton Dohrns in Angriff genommen worden, der Bibliotheksbau im Lichthof zwischen den ersten beiden Stationsgebäuden aus den Jahren 1874 und 1886. Die umfangreiche Bücherei und einzigartige Zeitschriftensammlung, die schon bei der Verlagerung nach

dem Dorf Ponte Landolfo über 40.000 Bände umfaßte und während der Kämpfe südlich Monte Cassino höchst gefährdet war, gehört zu den wertvollsten Bestandteilen der Station. Sie ist von einem solchen Reichtum, daß manch ein Gelehrter nicht der lebenden Tiere, sondern der Bücher wegen zur Arbeit nach Neapel kommt. Sie war so angewachsen, daß sie nicht nur den Freskensaal und einen früheren großen Laboratoriumsraum mit Bücherregalen gefüllt hatte, sondern allmählich durch übermäßige Belastung auch den bisherigen Unterbau gefährdete. Durch den neuen Zweckbau aus Stahl und Beton konnten verschiedene Ziele gleichzeitig erreicht werden: die Erweiterung der unterirdischen Räume machte es möglich, die ganze Pumpenanlage zu erneuern; der bisherige dreistöckige Zeitschriftensaal konnte in neuzeitlich ausgestattete Laboratorien mit Gas, Wasser, Druckluft, Licht, Kraft, Gleichstrom und Seewasserleitung verwandelt werden; die beiden ältesten Bauten, die nur in wenigen Zimmern eiserne Öfchen besaßen, wurden mit Zentralheizungen ausgestattet; für die gestiegenen Ansprüche des Betriebes ein Personen- und ein Lastenaufzug eingerichtet.

Die Ausführung des Plans erforderte 150 Millionen Lire, das waren 1956 etwa 1 Million DM. Es war typisch für die Wesensart von Vater und Sohn, daß der Sohn mit der Fundamentierung des Baus anfing, wie einst sein Großvater mit dem Aquariumsbau, bevor er sicher sein konnte, daß es gelingen werde, die notwendigen Gelder aufzubringen und daß der Vater dann mit immer neuen Reisen, Verhandlungen, Exposés die Finanzierung schließlich in ähnlicher Weise durch multi-nationale Beträge sichern konnte, wie sie bei der Gründung der Station geglückt war: die Rockefeller Foundation hatte sich bereit erklärt, ein Drittel zu zahlen, wenn die restlichen zwei Drittel anderweitig beschafft würden. Das zweite Drittel kam vom italienischen Staat. Am dritten Drittel waren die Bundesrepublik, verschiedene englische Universitäten, das Schweizerische Eidgenössische Departement und einige schweizerische Großindustrien beteiligt. So kann wohl behauptet werden, daß der Bibliotheksbau und andere wichtige Neuerungen, die hier nicht aufgeführt werden können, weder entstanden wären, wenn der Vater allein, noch wenn der Sohn allein die Führung der Verwaltung gehabt hätte.

Je stärker die abnehmenden körperlichen Kräfte Reinhard Dohrns Mitarbeit an der Station begrenzten, je öfter rasche Entscheidungen getroffen werden mußten — eine Sache, für die er nie gut zu haben war, woraus sich in Personalfragen von jeher Schwierigkeiten ergeben hatten — desto intensiver wurde seine lebenslange Sorge um das künftige Wohlergehen der Station. In seiner hochgelegenen Wohnung, von deren

Fenster er über die Bäume der Villa Reale hinweg auf die Dächer der Station blicken konnte, wirkte er noch wie ein langsam entschwindender Schutzengel, besänftigte aufgeregte Gemüter, empfing alte Freunde, schrieb Briefe und erteilte in auftauchenden Krisen nochmals seinen Rat. Professor Montalenti hat in seiner bewegenden Grabrede berichtet, daß R. D. ihn noch wenige Tage vor seinem Tod im Krankenhaus in Rom mit den Worten begrüßte: „Nachher müssen wir über die Station reden — über das, was zu tun ist.“ Nun, da seine Gegenwart der Station verlorengegangen ist, wird Peter Dohrn ein Doppeltes zu leisten haben. Er wird zur eigenen draufgängerischen Art und der vom Vater einmal gekennzeichneten „schöpferischen Phantasie und unbegrenzten Selbstlosigkeit“ die Behutsamkeit im Behandeln der Stationsfreunde und Mitarbeiter und das reifliche Überlegen vor jedem Entschluß in sich ausbilden müssen. Daß ihm das möglich ist, zeigt ein Brief aus einer guten Periode der Zusammenarbeit, in dem R. D. über den Sohn schrieb: „In unserem Verhältnis ist ein großer Wandel eingetreten, die Spannung hat sich gelöst, ich fühle es, wie er sich auf mein Tempo einstellt, meine Bedenklichkeiten und meine Bemühungen, Widersprüche zu lösen und Ausgleich zu finden, zu verstehen sucht und sich darauf einstellt, womit er mich natürlich heranholt, seinen Initiativen zu folgen.“

* * *

Im letzten Brief, der von Reinhard Dohrn aus der Klinik in Rom eintraf, stehen die Sätze: „Seit ich in Winterthur, noch bei Frau Sulzer, nach dem letzten autonomen Tag meines Lebens in der St. Galler Stiftsbibliothek zu Bett gelegt wurde, um ‚auszuruhen‘, ruhe ich aus! Wovon? Von 82 Jahren Leben ...“ Der letzte „autonome“ Tag ist wohl auch der letzte vollkommen beglückte dieses langen Lebens gewesen. Wie immer in den späten Jahren, wenn ein Erlebnis Erinnerungen an die Jugend wachrief, so die Fidelio-Aufführung unter Jochum in Neapels „San Carlo“, die den stark Angerührten an die erste Fidelio-Aufführung während der Münchener Schulzeit erinnerte, war R. D. zugleich tief ergriffen und selig begeistert. Denn in der herrlichen barocken Stiftsbibliothek hatte er in seinem letzten Gymnasialjahr als Famulus von Traube für dessen Arbeit über die „Regula Sancti Benedicti“ aus den alten Codices die Initialen kopiert. Nun konnte er dieselben alten Pergamentbände, dieselben handgemalten Initialen der ihm seit Jahren befreundeten Gastgeberin und der Tochter zeigen, von Traube erzählen und erfahren, daß in der Bibliothek nach so vielen Jahrzehnten der Name des längst verstorbenen jüdischen Gelehrten immer noch mit Achtung genannt wurde. Es war noch

Reinhard Dohrn, 1950. Aquarellskizze von Wolfgang Breitling

einmal ein Tag in gehobener Stimmung, ein „Auf-den-Höhen-der-Menschheit-Wandeln" — ein Ausdruck, den R. D. selten in den Mund nahm, der aber dann viel zu bedeuten hatte. An solchen Tagen waren alle Bedenklichkeiten, alle Vorsicht, auch die Rücksicht auf die eigene Gesundheit weggefegt, die Hingabe an den seelischen Aufschwung regierte allein, und dieser Kräfteaufwand hat dann wohl auch das „Ausruhen" bis in den Tod ausgelöst.

Über das bevorstehende Ende sprach er im Spital mit den Freunden ohne Scheu, darin wieder ganz der objektiv beobachtende Naturforscher. Als solcher hat er in seinem Leben über religiöse Fragen nicht gegrübelt, hatte aber zu den Konfessionen wie in so vielem anderen ein grenzenüberwindendes Verhältnis. Die Eltern waren in Warschau doppelt, einmal lutherisch, einmal orthodox-katholisch getraut worden, in ihrem Haus herrschten die freien Anschauungen des ausgehenden 19. Jahrhunderts. Zu den verschiedenen Ämtern, die Dohrn als Deutscher ehrenamtlich versah, gehörte das des Schriftführers der protestantischen Gemeinde in Neapel. Durch Tanias Mutter, eine tiefreligiöse Frau, die nach der russischen Revolution in der Casa Dohrn lebte, war er in nahe Berührung mit den Glaubensformen der russisch-orthodoxen Kirche gekommen. Er hatte die Ausstrahlung ihres Geistes auf den ganzen Hausstand immer dankbar empfunden. Mit allen Hausbewohnern, den abreisenden wie den zurückbleibenden, pflegte er an der kleinen Zeremonie teilzunehmen, zu der die Großmutter Giwago vor einer größeren Reise die Familie in der Bibliothek versammelte, die Läden schloß, im verdunkelten Zimmer drei Kerzen anzündete, und ein russisches Gebet sprach — dann war die ganze Hast und Nervosität der Reisevorbereitungen verflogen und die innere Ruhe, die ihm so wichtig war, vor dem Verlassen des Hauses hergestellt. In den letzten Lebensjahren ergab sich noch eine Freundschaft mit Monsignore Kunstmann, dem Rektor der deutschen römisch-katholischen Kirche in Neapel, der dann auch als Freund am Grab gesprochen hat. Wenn R. D. sich in Rom aufhielt, besuchte er fast immer die dortige kleine russisch-orthodoxe Kirche. Der Gesang der russischen Gottesdienste tat ihm in der Seele wohl. Durch alle Zeiten hindurch war Musik seine große Trösterin.

In einer organisch sich fortentwickelnden Institution, in der auch die Giovanni, Luigi, Antonio und Giuseppe häufig Söhne und Enkel von Männern sind, die schon vor Jahrzehnten als Fischer oder Schreiner, als Aquariumswärter, bei den Konservierungsarbeiten oder in der chemischen Abteilung der Station gedient haben, gibt es Überlieferungen, die wie Mythen in vorhistorischen Zeiten von Generation zu Generation mündlich weitergegeben werden. So wissen heute auch die jungen Angestellten etwas von der Legende des Gründers Anton Dohrn und von den Anfangsschwierigkeiten, die er unter anderem hatte, weil verständnislose Neapolitaner fürchteten, er werde in ihrem schönsten Park ein Bordell errichten. Und auch diejenigen, die Reinhard Dohrn nur noch als alten Mann erlebten, der mit einiger Mühsal den Weg in sein Zimmer zurücklegte, um von dort aus mit Behutsamkeit den Zwist des Tages beizulegen und mit vorausschauendem Blick etwaige Gefahren für die Freiheit der Forschung abzuwehren, wissen aus den Erzählungen und Anekdoten über die alten Zeiten, daß auch er einmal jugendlich draufgängerisch den Kurs des Stationsschiffes durch plötzlich aufkommende Gefahren steuerte.

Wie stark das Bewußtsein sowohl der Kontinuität wie der Erneuerung bei manch einem Angestellten ist, war 1960 zu erfahren, als Angelo Sessa, der einst als schmalbrüstiges, quecksilbrig bewegliches Bürschchen aus ärmlichsten Verhältnissen zum Saubermachen eingestellt worden war, nun als wohlbeleibter selbstsicherer Familienvater in gehobener Stellung, die Besucherin im jüngst gegründeten kleinen Schaumuseum herumführend, mit Stolz feststellte: «Questo, l'ha fatto il Signor Pietro»; und, gleichsam zur Erläuterung des Geschichtsablaufs hinzufügte: «Antonio Dohrn — il fondatore; Rinaldo Dohrn il conservatore; Pietro Dohrn — l'innovatore». Der breiteren Öffentlichkeit, die von der Zoologischen Station meist nur das Aquarium und die Maréesschen Fresken kennt, ist ein präzis gezeichnetes Bild Anton Dohrns und seines Werkes aus der Feder von Theodor Heuss überliefert. Es besteht die Aussicht, daß das Bild Reinhard Dohrns uns in der ganzen Unmittelbarkeit seines Wesens aus den gesammelten Briefen entstehen wird, deren Herausgabe von den Erben geplant ist — das Bild nämlich einer selten repräsentativen Gestalt, in der noch das ganze Europa — Westen, Mitte und Osten — in seiner Unversehrtheit physisch und psychisch anwesend war.

Commemorato Rinaldo Dohrn nella Stazione Zoologica in Villa*

Ieri mattina nella Stazione Zoologica in Villa Comunale si è svolta la solenne commemorazione di Rinaldo Dohrn, una manifestazione commovente al grande Scomparso che per oltre mezzo secolo ha diretto uno degli Istituti di Biologia Marina più famosi del mondo e che si è spento il 14 dicembre scorso a Roma, lasciando vivissimo rimpianto negli ambienti scientifici internazionali. Erano presenti, oltre a numerosissimi parenti e

* Il Mattino, 11 Aprile 1963.

amici dell'illustre Estinto, il Ministro degli Affari Politici della Repubblica Federale di Bonn, dott. Heinrich Krone, i delegati delle Università di Kiel e di Gottinga, delle quali il compianto prof. Rinaldo Dohrn era dottore honoris causa, il prof. Werner Bargmann, Or. di Anatomia Umana all'Università di Kiel e Presidente della Sezione Scientifica del Consiglio delle Scienze Germanico e il prof. André Pirson, Ordinario di

Das Quintett an der Gedenkfeier für Reinhard Dohrn am 10. April 1963 im Freskensaal der Station. Die Künstler von links nach rechts: Maestri L. Schinina, Aurora Lamagna, Willy La Volpe, Giuseppe Francavilla, Giacinto Caramia

Fisiologia Vegetale dell'Università di Gottinga e Preside della Facoltà di Scienze di detta Università, il dr. Ugo Rossi, Ispettore per la Ricerca Scientifica al Ministero della Pubblica Istruzione, il Sindaco prof. Vincenzo Maria Palmieri, il prof. Luigi Condorelli, Direttore della Clinica Medica dell'Università di Roma, medico curante dello Scomparso, il Rettore Magnifico Tesauro e una larga rappresentanza del Corpo Accademico della nostra Università, tra cui i professori Verga, Bossa, Magrassi, Cedrangolo, Cutinelli, Salfi, Orrù, De Lerma, il Presidente dell'Azienda Autonoma di Cura e Soggiorno avv. Mastrolilli, il prof. Giuseppe Montalenti dell'Università di Roma, l'ing. Giuseppe Cenzato e altre moltissime personalità.
L'austera cerimonia ha avuto inizio con le suggestive note dell'Adagio di un Quintetto per due violoncelli di Schubert eseguito da Luigi Schininà 1.0 violino, Aurora Lamagna

2.0 violino, Giuseppe Francavilla viola, Giacinto Caramia violoncello e Willy La Volpe violoncello. Nella bella sala affrescata da Von Marées ha preso, quindi, la parola il Sindaco prof. Vincenzo Maria Palmieri, Presidente del Consiglio di Amministrazione della Stazione Zoologica che ha dato lettura dei telegrammi di adesione pervenuti dal Presidente della Camera on. Giovanni Leone, dal Presidente dell'Accademia dei Lincei Giorgio Cassinis, dal Presidente del Consiglio Nazionale delle Ricerche Giovanni Polvani e di altri numerosi messaggi pervenuti dall'Italia e dall'Estero. Hanno quindi parlato gli oratori ufficiali e precisamente il prof. Jean Roche, Rettore dell'Università della Sorbona e Direttore dell'Istituto di Biochimica Comparata del Collège de France, il prof. Carl Pantin, Direttore dell'Istituto di Zoologia dell'Università di Cambridge e Presidente della Associazione di Biologia Marina del Regno Unito, il dr. Dieter Sattler, Direttore Generale per gli Scambi culturali con l'Estero al Ministero degli Esteri della Repubblica Federale di Germania, il prof. John Young, Direttore dell'Istituto di Anatomia Umana dell'Università di Londra e il prof. Luigi Califano, Presidente del Comitato per la Medicina e la Biologia del Consiglio Nazionale delle Ricerche e Direttore dell'Istituto di Patologia Generale dell'Università di Napoli.

Reden zum Gedächtnis an Reinhard Dohrn

gehalten an der Feier am 10. April 1963
an der Zoologischen Station Neapel

Anton Dohrn, Relief von Adolf von Hildebrand

Reinhard Dohrn, Relief von Hans von Saalfeld

Jean Roche

Rinaldo Dohrn et l'Universalité de la Science

D'autres, qui l'ont mieux connu dans sa vie quotidienne et depuis plus longtemps, évoqueront Rinaldo Dohrn en tant que biologiste et en tant qu'animateur de la grande Institution au développement de laquelle il s'est dévoué. Ils ne pourront pas le faire sans rendre un fervent hommage à l'ensemble des qualités qui faisaient de lui un homme dont la puissance d'attraction était exceptionnelle. Je ne voudrais ici que mettre en lumière un des aspects par lesquels sa personnalité a su prendre un si grand relief dans l'esprit des générations de chercheurs qui l'ont connu, relief par lequel est assurée la pérennité de son souvenir.

L'humanisme et la science se confondent, chez des hommes dont la pensée, dépassant les servitudes de l'immédiat, s'élabore dans la sagesse et la sérénité, et reflète les plus hautes valeurs humaines. Un message vieux de cinq siècles en porte témoignage, au début d'un des chapitres du Convivio; je voudrais le placer comme en exergue à l'expression recueillie de l'hommage que j'adresse à l'ami disparu: «Nous, dont le monde est la patrie, comme la mer l'est aux poissons», écrivait Dante en butte à l'injustice de concitoyens que dépassait son génie.

Rinaldo Dohrn laisse parmi nous un grand souvenir, parce qu'il a su incarner ce que le monde de la Science a de meilleur et parce qu'il a tout donné de lui-même au rayonnement des vérités dont il se sentait le dépositaire. Dans la salle même où nous nous réunissons en mémoire de lui, les délégués de nombreux pays venus à Pâques 1961 pour témoigner à la Stazione Zoologica de la solidarité de leurs Universités et de leurs Institutions scientifiques, ont chargé l'un des leurs de lui exprimer la reconnaissance de tous. Reconnaissance empreinte d'affection autant que de respect, car chacun ressentait, devant cet homme au déclin de sa vie, quels symboles de valeurs spirituelles permanentes il incarnait.

Certes, Rinaldo Dohrn était l'héritier d'un riche patrimoine, reçu d'un père dont l'imagination scientifique s'alliait à un esprit d'entreprise mis au service du progrès des hommes autant qu'à celui de leurs aspirations intellectuelles. Mais il a sû, en toute circonstance, dépasser les promesses de sa jeunesse, dans l'épanouissement d'une personnalité qui a fait de lui un guide sûr des générations des chercheurs ayant répondu à son appel.

Homme d'un esprit à la fois objectif et enthousiaste, alliant les qualités fondamentales de ses ascendants à celles des hommes parmi lesquels il vivait dans son pays d'adoption,

il a voulu, comme son grand compatriote Schiller, être un «citoyen du monde», sans rien trahir de l'esprit des siens. Il a rejoint dans cet objectif suprême son ami Fridtjof Nansen, homme d'action comme lui et ayant, au même titre que lui, la passion de lutter contre ce qui empêche les hommes de s'unir autour des notions fondamentales, en dehors desquelles il n'est que régression vers un âge de ténèbres. Courage, Indépendance, Esprit d'aventure, formaient pour Nansen «les trois déités» qui marquent les grands caractères; ils ont sans cesse animé l'esprit de don Rinaldo. Ses armes pour mener le combat lui ont été fournies par la Science, dont le langage est le même pour les aspirations de tous, dans le progrès de laquelle chacun recueille les fruits d'un labeur qu'il partage avec tant d'inconnus et dont les conquêtes n'ont de signification définitive que par leur universalité.
Dégager de l'exemple que nous laisse Rinaldo Dohrn, son titre le plus éclatant à notre reconnaissance et à notre affection est facile. Nous l'avons fait avec respect au cours de sa vie et la mort ne fait que donner au même jugement un aspect immuable. L'honneur de la Science est de compter dans les rangs de ceux qui la servent des hommes qui servent par elle la fraternité humaine, en sauvegardant, quelles que soient les difficultés de l'heure, les valeurs permanentes dont ils ont la garde. Il a été l'un d'entre eux pendant toute sa longue vie; il en demeure le symbole dans notre souvenir. Aussi, alors que tant de cérémonies jubilaires apparaissent comme le signe d'un déclin, notre réunion d'aujourd'hui porte-t-elle la marque d'une permanence dans ce que Rinaldo Dohrn nous a donné, sûr de nous voir prêts à le transmettre comme il l'avait reçu de ses aînés.

C. F. A. Pantin

Your Excellencies, Dr. Dohrn, Ladies and Gentlemen

We are met here to honour the memory of a great and good man, Dr. Reinhard Dohrn, sometime Director of this, the Stazione Zoologica. It is an especial satisfaction that I must first convey to you from the Royal Society of London a message of profound respect for his memory and for the work he has done for the advancement of natural science.
It is also my honourable duty as President of the Marine Biological Association of the United Kingdom, the foundation of whose laboratory at Plymouth owed so much to the inspiration of the Stazione Zoologica, to offer you on behalf of our Council a tribute to the man who has done outstanding service to Marine Biology. But also,

as one of the biologists of Great Britain who has worked here at the Stazione, I must tell you how deeply I appreciate the opportunity to acknowledge personally the help and kindness of Reinhard Dohrn and my debt to his example.

Others have given and will give the history of his life and work for this great international Institution. But the countries of Great Britain have been so closely knit with the Stazione since its foundation, and Reinhard Dohrn was so familiar to us as a valued friend, that I must try to tell you something of the origin of that connexion and the basis of that esteem.

It is, I believe, significant that Reinhard's father Anton first acquired a passion for zoology through the study of entomology. In that he resembled Charles Darwin and Alfred Russel Wallace. As an old man Wallace once said of studies of that kind: "It is this superficial and almost child-like interest in the outward form of living things, which though often despised as unscientific, happened to be *the only one* which would lead us towards the solution of the problem of species." It is in fact not unscientific at all: it is the foundation of that absolute respect for natural phenomena which marks the great man of science.

With this background in his youth, Reinhard's father received the publication of *The Origin of Species* as a revelation. That work transformed our view of the Invertebrata, and at once directed attention to the cardinal importance of the fauna of the sea. It was with this realization that Anton, during his visits to Great Britain in 1867–8, made the acquaintance of that remarkable selftaught Scottish naturalist, the Glasgow shop-keeper David Robertson.

Robertson had built a little summerhouse on the Island of Great Cumbrae, where long afterwards the Scottish Marine Biological Laboratory of Millport was to stand. There he studied and collected marine animals. To Anton's visit to David Robertson in Scotland can, I believe, be traced the embryo of his future grand conception of an international biological station for the study of marine life.

As you know, Anton Dohrn built the Stazione in 1872–1874. He did so in the face of immense difficulties, to meet some of which he had to sink his personal fortune in the enterprise. The need for external financial help was very great; and it is heartening to recall how many, in how many countries, recognised the disinterested quality of Anton's appeal and the value of his endeavour.

I cannot give a better illustration of this than by reading the text of an unpublished letter to Charles Darwin from his son George Darwin. It was written n 1873 about raising subscriptions for the Stazione, and runs as follows:

Dear Father,
You see the state of affairs at Naples from Frank Balfour's letter. Don't you think that you know *Dohrn well eno' to tell him* (Charles Darwin has underlined this in brown crayon) that he w'd be much more likely to get the money as a subscription than as a loan, & that as he has already taken money from the Govts of various countries there c^{d} be nothing infra dig in taking it from friends of science. I was think^{g} that if you did this you might produce the same results as by personally getting up this subscription by writing a letter to Michael Foster or to Frank Balfour saying that it is y^{r} health alone wh. prevents yr. getting up this subscr. personally and that you w^{d} wish Foster or Balfour (as the case may be) to use your letter as a proof of yr. concurrence. Foster of course w^{d}'nt do if he isn' t going to subs. and he's a poor man. — F. Balfour gives £ 50 Dew Smith £ 100 as a loan but both w^{d} give it as a gift. I w^{d} give £ 10 and I've no doubt Arthur Balfour w^{d} give handsomely. I shd. think there won't be much difficulty in getting up a subsc. for £ 500 or 600 if it is as a gift and not a loan — but people dislike lending. You may dislike the whole idea — or differ from me on the subject of the loan &c. but I've just said what I think. By my plan you w^{d} have no trouble beyond writing to Dohrn (and) to Balfour — and giving a subscription.

Yrs. G. H. D.

I must thank my friend Dr. Sydney Smith for bringing this letter to my notice and Lady Keynes, Charles Darwin's granddaughter, for making the letter available.
Charles Darwin embraced the proposal and himself gave £ 100.
On the letter he has added the following notes:
"My impression get up subscription & for the Z. Station & not write to *Dohrn* — *Huxley* — could we get it up and who? w^{d} subscribe.
"Print statement and circulate

Sir J. Lubbock
Sir C. Lyell"

The transaction illustrates so clearly the personal esteem in which Anton Dohrn was known to be held and the anxiety to further his project to the utmost.
Today, the establishment of a great international laboratory as the private venture of one man seems an anomaly. Now, inevitably, we do such things by means of our international committees, the invaluable help of liberal foundations, and the enlightened self-interest of national Governments. The help they give us is immense. But do not

underestimate the power of a good man, endowed with ability, integrity and perseverance, to achieve his splendid goal. The possibility of the organised advancement of human knowledge and wisdom by our committees and our Governments depends upon the stability of international relations. If these are shaken, the power of our committees, foundations and national Governments to do good is shaken also. We then find that the individual good man becomes the sole trustee of the things we value. Twice that has happened to the world in the last sixty years: twice Reinhard Dohrn executed that high office, for the survival of the Stazione Zoological and of the scientific ideals his father had promoted.

When Reinhard came to the Stazione as assistant in 1905 he was but 25 years of age. But his father's increasing illness compelled the young man rapidly to take effective control of the Station even before his formal succession to the Directorship in 1909.

Anton Dohrn had founded the Stazione as a personal enterprise for the advancement of pure science. Its international character made exacting demands. It was once written: 'To keep up the Zoological Station you need ... the knowledge of the principal languages of Europe; you need an acquaintance with the character of the differant nations, friends all over the World, diplomatic qualities; organising gifts and not merely a scientific education, but also a wide culture and contact with other circles beyond the purely scientific ones.' These were indeed the qualities of Reinhard Dohrn. But in 1909 when he became Director it was not possible to realise the immense demands that two world-wars would make upon those qualities, if the Stazione and all it stood for in international science were to survive.

The war of 1914 poisoned many friendships between men of different nations. The wholly unexpected collapse of accepted values was a shock to that generation and caught mankind at a moral disadvantage. The 1914 war placed Reinhard Dohrn in an exceedingly difficult position by reason of nationality. Yet the very qualities of the man had ensured him the truest friends.

When, therefore, after that war, in the year 1924, the liberal and far-sighted action of the Italian Government gave a new constitution to the Station, placing it under the aegis of Italian Law, and conferring upon Reinhard Dohrn the future leadership, this appreciation of his work and merits gave pleasure and satisfaction to men of science throughout the world. Indeed, it underlined the power of natural science to promote human understanding on a world-wide scale. Reinhard was thus able to rebuild the international character of the work of the Stazione without deviation from his father's ideals.

The war of 1939 was an even greater disaster, for it carried battle through the Stazione and the City itself. Once again the loyalty he had engendered in his family and in his friends enabled him to reawaken the Stazione to its full vigour. I would mention here how much we all owed for this to the action of his lifelong friend, and helper of the Stazione, the late Dr. George Parker Bidder. In October 1943, within a few days of the conclusion of the battle round the City, Dr. Bidder wrote a powerful letter to the London Times in support of the Stazione and its work. Within a few days the Royal Society voted the sum of £ 1000 to its immediate support, and this was rapidly followed by the strong financial support of other nations. What was then given was much more than money, it was the direct re-affirmation of belief in the work of the Stazione and the ideals of the Director and his father.
Thus one man, Reinhard Dohrn, effected the seemingly impossible; the survival of a scientific institution and its ideals founded upon international co-operation, when twice the very basis of that co-operation seemed lost. For that reason he was much more than his great father's successor: he was the second founder of the Stazione.
The character of the work of the Stazione has changed with the advancement of science since Anton Dohrn's days. Then it was primarily concerned with evolutionary morphology; today it has expanded to include biochemistry, physiology, pharmacology, oceanography and many other sciences. It is still here to meet the ever-changing scientific needs of the times. We owe that to Reinhard Dohrn, and would ask his family to remember how greatly we value that when we offer them our sympathy for his loss. We also remember how deeply we are in their debt for all that they, with their close friends, did individually to enable him to succeed. And particularly we would wish Dr. Peter Dohrn, his son, to know that he has both our strong support and our appreciation in the grand task he has so effectively undertaken in succession to his father.
In that task he has one particular consolation and inspiration. The greatest gift of Reinhard Dohrn to us all is his example. Quietly and without ostentation, he has reminded us that the power of a good man to achieve what seems impossible has not yet vanished from the earth.

Dieter Sattler

Wir haben uns heute — meine sehr verehrten Damen und Herren — hier in diesem Freskensaal der Zoologischen Station versammelt, um eines Mannes zu gedenken, der vor nahezu 4 Monaten seine Augen nach einem reichen und erfüllten Leben für immer geschlossen hat. Wir folgen dabei einer schönen italienischen Sitte: Mit einigen Wochen Abstand von den unruhigen und trauervollen Tagen des Todes sich die Gestalt eines geliebten und bewunderten Menschen in Erinnerung zu rufen.

Wenn ich heute die Ehre habe, im Namen seines Vaterlandes, im Namen der deutschen Bundesregierung einige Worte über Reinhard Dohrn sprechen zu dürfen, so hat das folgende Gründe:

Der erste ist meine derzeitige dienstliche Stellung: Als der für die kulturellen Beziehungen der Bundesrepublik zu anderen Ländern Verantwortliche glaube ich feststellen zu müssen, daß es in den letzten 50 Jahren wohl kaum eine Persönlichkeit gab, die mehr und Besseres für diese Beziehungen getan hat als Reinhard Dohrn.

Es kommt hinzu, daß ich zwischen 1952 und 1959 — als Kulturattaché an der deutschen Botschaft in Rom — die Möglichkeit hatte, bei der Wiederherstellung dieser Fresken wie auch beim Neubau des Bibliotheksflügels helfen zu dürfen.

Ein weiterer Grund liegt in den nahen persönlichen und verwandtschaftlichen Beziehungen, die meine Familie mit der Familie Dohrn verband. Schon mein Großvater mütterlicherseits, der Bildhauer Adolf Hildebrand, war mit Anton Dohrn, dem Gründer der Zoologischen Station, eng befreundet und hat sowohl beim Bau dieses Hauses wie auch beim Ausmalen dieses Saales mitgewirkt. Auch mein Großvater Sattler war mit der Familie Dohrn verbunden; seine zweite Tochter Johanna wurde die Schwägerin von Reinhard Dohrn.

Ich selbst habe so schon als Kind und später immer wieder die Freude gehabt, hier im Aquarium, in der Via Francesco Crispi und an der Riviera di Chiaia oder in Ischia bei Dohrns zu Gast zu sein, dort in jenem Hause in Porto d'Ischia, das mein Vater als Architekt im Jahre meiner Geburt entworfen hatte.

Diese merkwürdige Verkettung von dienstlichen und menschlichen Beziehungen führt mich zum ersten Gedankengang, den ich in dieser Stunde erwähnen möchte:

Wenn wir uns heute fragen — den Lebensweg und die Gestalt dieses Mannes überblickend — was denn die Eigenart und der besondere Charme dieser Persönlichkeit war, so werden Sie mir folgen, wenn ich sage:

Es war vor allem die ungewöhnliche Fähigkeit, durch gütiges Verstehen des anderen Gegensätze aller Art zu überbrücken und vom Beruflichen, Dienstlichen den Weg zum Menschlichen, ja Familiären zu finden — eine Eigenschaft, die uns im Jahrhundert der Spezialisierung immer mehr verloren zu gehen scheint. Die Zoologische Station in Neapel ist von allen wissenschaftlichen Instituten, die ich kenne, diejenige,

die ich am ehesten als ein Familienunternehmen im besten Sinne des Wortes bezeichnen möchte.
Als der 29jährige Reinhard Dohrn des Vaters Erbe übernahm, hat er es mit seiner Frau verstanden, die enge Verbindung zwischen der Station und der Casa Dohrn in so einzigartiger Weise zu pflegen, daß sich die Forscher aus aller Welt hier wirklich zu

Die Casa San Pietro auf Ischia (Arch. C. Sattler)

Hause fühlten. Jeder kannte das Haus am Rione Amedeo — später Via Francesco Crispi — dessen eigenartige Geborgenheit uns Margret Boveri erst vor kurzem wieder so lebhaft in Erinnerung zu rufen verstand, jeder kannte die köstlichen Einfälle, die liebevollen blauen Augen und die helle Stimme von Tanja und die drei Kinder, die die Räume des Hauses durchtobten.
Reinhard Dohrn hat sein ganzes Leben dieser Station verbunden. Als Forscher selbst weniger hervortretend, sah er seine Aufgabe im Erhalten und Mehren dieses Erbes. So fallen auch die Höhepunkte und Tiefpunkte seines Lebens mit den Schicksalen der Station zusammen: Sie liegen nahe beieinander, ziemlich genau in der Mitte seines Lebens, als nach dem ersten Weltkrieg er fast an der Möglichkeit der Weiterführung

dieses Auftrages verzweifelte und als nur 2 Jahre später durch die Hilfe des großen Freundes Benedetto Croce das Werk des Vaters als italienisches Institut, aber in der alten Verbindung mit der gleichen Familie wiedererstehen konnte.
Neben dieser selten gewordenen engen und idealen Verbindung zwischen Beruf und Familienleben gibt es ein anderes Gebiet, in dem Reinhard Dohrns Fähigkeit, Gegensätze aller Art zu überbrücken, auffällt: In Neapel als Sohn eines Deutschen und einer slawischen Mutter geboren, hat er, nur von zahlreichen Reisen und den Studienjahren unterbrochen, fast sein ganzes Leben in Neapel verbracht. So beherrschte er nicht nur die großen europäischen Sprachen, sondern auch das Neapolitanische, gewiß ein Grund mehr, der es ihm ermöglichte, zusammen mit seiner russischen Frau, die Angehörigen so vieler Nationen zu verstehen. Ich habe nur wenige Menschen gekannt, denen man mit mehr Recht das Attribut eines „Europäers" zuerkennen darf.
Eines möchte ich hier noch einschalten: Wie wichtig am ganzen Phänomen dieser Station ist der Ort, in dem sie liegt. Ein Biologe aus Pommern, begeistert von Darwins Ideen, sucht vor jetzt 93 Jahren den Platz für ein wissenschaftliches Institut, wie es noch keines gab. Er findet den Platz im Golf von Neapel, am Rande der Neapolis des Altertums, der geheimnisvollsten Stadt Italiens, einer der ältesten Städte Europas, der Großstadt mit dem lebendigsten Volkstum und der schönsten Lage. Wie anders wäre das alles gekommen, wenn er sich etwa bei Triest oder an der Costa Brava niedergelassen hätte.
So hat sich auch die Eigenart dieser Stadt sehr tief in das Wesen des Mannes eingegraben, der einerseits stets ein Grandseigneur, andererseits von einer erstaunlichen Bescheidenheit und Einfachheit war und es verstand, mit jedem Gegenüber aus allen Ständen sehr bald in ein menschliches Gespräch zu kommen. So hat Reinhard Dohrn als deutscher Staatsbürger, aber mit der gelassenen Weisheit des Napolitaners das Schifflein dieser merkwürdigen Gründung seines Vaters durch die Fährnisse der letzten 50 Jahre gesteuert: Durch 2 Weltkriege, durch zahlreiche Inflationen, durch Zeiten der Armut und des Reichtums, durch Bündnisse und Feindschaften, durch ruhige und bewegte Zeiten.
Wenn wir uns heute noch einmal ganz deutlich dieses Mannes erinnern, seiner großen und doch zarten Hände, seiner gütigen und verständnisvollen Augen und des beruhigenden Klanges seiner Stimme, wenn wir an sein mit Erinnerungen und Verpflichtungen übervolles Arbeitszimmer hier nebenan denken oder an seinen unverkennbar eingedrückten Hut, der dort draußen hing, dann wissen wir, was wir alle, die wir uns hier versammelt haben, aber auch die vielen, die nicht hier sein können, mit ihm verloren

haben: Einen großen Europäer, der mit seiner Güte und Weitherzigkeit, mit seinen vielseitigen Interessen in allen Wissenschaften aber auch Künsten, in Musik, Literatur und Geschichte eine hohe geistige Welt zu erhalten wußte, die uns allen unvergeßlich bleiben wird.
Als ich Reinhard Dohrn am 13. Oktober des vergangenen Jahres das letzte Mal im römischen Hospital besuchte, als wir lange über sein ganzes Leben und über seinen bevorstehenden Tod reden konnten, da trat der tiefste Kern seines Wesens, eine nur vom Christlichen her mögliche Güte zu Tage und ich wußte, daß unsere Welt mit dem Erlöschen seiner Augen um die Gestalt eines einzigartigen Edelmannes ärmer werden würde.
Zum Schluß darf ich mich noch eines ehrenvollen Auftrages entledigen: Theodor Heuss, der große Freund Reinhard Dohrns, der Biograph seines Vaters Anton Dohrn, der 1. Präsident der Bundesrepublik Deutschland von 1949—1959, hat mich gebeten, Ihnen die folgenden Worte zu verlesen, da er leider aus Gründen seiner Gesundheit nicht selbst hier sein kann.

Theodor Heuss

Reinhard Dohrn zum Gedächtnis

Es ist für mich schmerzlich genug, in dieser Stunde nicht persönlich hier weilen zu dürfen, und das Zeugnis der Liebe, der Verehrung, der Dankbarkeit nicht unmittelbar aussprechen zu können. — Das Schicksal schenkte meinem Leben den Reichtum der Freundschaft mit allen vier Brüdern Dohrn. Beginnend in den Münchener Studienjahren mit Wolf, der in dem Kreis der jungen Naumann-Anhänger uns allen neidlos als der Begabteste erschien, — ein bißchen konnte ich bei seinen suchenden Berufsentscheidungen mitspielen, als ich ihn zum Geschäftsträger des Beginns im Deutschen Werkbund vorschlug, dann die Vertrautheit mit Boguslav, dem Landwirt — wie oft war ich von Berlin aus Tage, ja auch wochenlang in Wilhelmsdorf bei Prenzlau, auf dem Familiengut in Hökendorf bei Stettin, ausruhend oder brav lernend, mancherlei Gemeinsamkeit mit dem Jüngsten, Harald, der immer etwas Kindhaftes besaß, bis ihn schließlich, bös und sinnlos in einem, eine Nazi-Gruppe, sippenhaft, ganz einfach ermordete. Reinhard habe ich als letzten menschlich kennengelernt, als ich, 1931, von Griechenland kommend, die Heimreise über Neapel machte. Er lag selber damals krank — aber acht Jahre später war ich durch Wochen sein Gast, als ich, nach Vorstudien in Hökendorf Gast der Zoologischen Station war und mir das Archiv voll Vertrauen zur Verfügung gestellt war. So wurde ich der Biograph des Vaters, des Großvaters — eine Menschenfolge voll von abenteuerlichen Zügen, mit einer Erbschaft, in die das Wagnis eingeschrieben blieb. — Doch Reinhard war seiner Natur nach kein Abenteurer, sondern behutsam, bewahrend gegenüber der Erbschaft, die er angetreten, geduldig in der Umsicht, wie er sie entwickelte, voll vorsichtiger Diplomatie, die ihm Vertrauen auch in dem Gastland schenkte. — Was bedeutete für ihn das fördernde Eingreifen eines Mannes von dem geistigen und moralischen Rang des Benedetto Croce. Nach Anton Dohrns Tod hat der Würzburger Zoologe Theodor Boveri auf dem Internationalen Zoologen-Kongreß die große erste Würdigung gesprochen, was die internationale Wissenschaft dem Gründer dieses Instituts zu danken hat, an dem er selber seine wichtigen Studien über Chromosomen und Vererbung betrieben hatte. Jetzt haben wir die Freude, die uns alle zu Dank verpflichtet, daß dessen Tochter, Dr. Margret Boveri, aus vertrauter Kenntnis des Menschentums und seiner Strahlkraft, Reinhard einen wunderschönen Nachruf gewidmet hat, aus dem unmittelbar der gewinnende Adel seines Wesens zu uns spricht. Denn dies war er: ein *edler* Mensch. Für mich bleibt die klare Bewußtheit seines Sterbens unvergeßlich: unser letzter Briefwechsel, im Dezember, ging von Krankenzimmer zu Krankenzimmer, es war ein klagloses und innerlich freies Abschiednehmen, gelassen und die Seele tief bewegend.

Dieter Sattler

Signore e Signori

So di agire nel desiderio del Defunto se ora, per coloro che non parlano il tedesco, aggiungo qualche frase in italiano per esporre brevemente quanto testè ho detto in qualità di rappresentante del Governo Federale e di nipote dello zio venerato, che in misura eccezionale volle prodigarsi per l'incremento dei rapporti culturali tra l'Italia e la madre patria.

Ho tentato di accennare alla singolare capacità che Rinaldo Dohrn aveva per stabilire il contatto tra la professione e la vita privata, tra la gente dei paesi più diversi e tra gli uomini di tutte le età e di tutte le professioni. Gli scienziati venuti qui da ogni parte del mondo per conoscere le meraviglie del mare, difficilmente potranno dimenticare le ore passate alla Stazione Zoologica o in casa Dohrn. E subito riaffiora nel ricordo la cara

figura della signora Tania, nella casa di Via Francesco Crispi e poi alla Riviera di Chiaia.
Di enorme importanza poi è stata l'influenza di Napoli, di questa misteriosa, antichissima città, dove il tedesco Dohrn è nato, dove ha passato quasi tutta la sua vita, dove suo padre aveva fondato quella Stazione Zoologica a cui poi egli dovette dedicare tutta la sua attività e ogni suo pensiero, di questa città che lo volle cittadino onorario e le cui sorti ha ininterrottamente condiviso in questi ultimi ottant'anni, sia nei tempi felici che nelle ore di sventura.
Oggi noi sappiamo che cosa abbiamo perduto con la scomparsa dell'indimenticabile figura di questo gentiluomo dagli occhi gentili, dalle mani grandi ma delicate e dalla voce rasserenante. Abbiamo perduto un vero europeo, nel suo significato più elevato, la cui vita era interamente dedicata alla pace e all'intesa tra i popoli.

J. Z. Young

One meets in life with some people for whom you feel an immediate liking and trust. Others fill you more with awe and respect. Reinhard Dohrn had the rare quality that he inspired both of those feelings at once.
Immediately on meeting him, one felt secure, as it were at home. Without making any show, and indeed saying very little, he gave the impression of interest and concern for oneself and ones affairs. You felt as it were that through him, you became a member of a large and secure family.
This was of course mainly due to the continuous respect that he himself maintained towards people of all classes and nations. I believe that he truly did feel himself to be a citizen of the whole human race. In this alone he is a priceless example for us all. I don't suppose that he ever had to think about this. It came to him naturally to have respect for all individuals and all peoples. Moreover he knew how to pass on this attitude, so that it was adopted by those that he met. How often it must have happened that people coming to the Stazione with narrow national points of view, have been first astonished and then abashed as they experienced the wider viewpoint that existed so naturally around him.
All of this, Dohrn accomplished without any show of jovial extraversion. His taste was much too good for bonhommie. He was indeed almost severe in manner, though seldom outspoken in criticism. He did not need to speak out, somehow everything

that he said seemed to be right. If he disapproved of what you were doing you felt at once that you were wrong. There are a few people who have this curious power of moral sense, of somehow always finding the answer, even to the most difficult human problems.

When you recognise this power it is often expressed in a minimum of words, indeed almost by a look. Such people are a source of great strength and stability to we weaker and uncertain ones. And such was Reinhard Dohrn. I have wondered how such knowledge and understanding is achieved. Is it by long thought and conscious restraint or does it come naturally? I suspect that Reinhard's secure manner covered long years of doubt.

Certainly there was something a little withdrawn about him. But far from making him seem to be forbidding, this quality only served to increase the pleasure, when you realised that this distinguished gentleman was actually treating you as an equal.

That little smile would break through, with some question about oneself or joke about lifes ironies. His humour was ironic, but never bitter. I can remember him criticising attitudes very severely, and criticising people for adopting them, but never criticism of themselves as persons. If he nourished rancour about anyone he concealed it well — I don't believe that he knew what hate was.

I feel very ill qualified to speak about him since I did not know him well even after 30 years. I wonder whether any of us really knew him well. He allowed us to enjoy his full friendship, but never inflicted his own sorrows and anxieties upon us. He always had something to give and never seemed to ask for anything in return.

It is easy to exaggerate, and he would have been the last to wish for absurd tributes. But I am sure that all of us feel that we are richer and better people because we have had the privilege and the pleasure of knowing Reinhard Dohrn.

Luigi Califano

Signore e Signori

Questa sala che ci accoglie, per un rito di dolore e di amore, e che una volta era detta «la vecchia biblioteca» ed ora «sala degli affreschi» situata nel mezzo dell'Istituto, ne è il cuore ed il sacrario. Questa sala ha veduto ricercare nel catalogo o consultare volumi, uomini famosi e famosissimi nella Scienza, ha veduto anche tanti giovani timorosi, appena iniziati alla ricerca, e molti di essi li ha poi riveduti diventati con gli anni anche essi saggi e famosi.

E' sacrario anche perchè l'affresco maggiore riassume, in una certa guisa, la storia della fondazione della Stazione zoologica, perchè esprime l'ambiente spirituale che la fece concepire e sorgere. Anton Dohrn è ritratto insieme con Grant, letterato e poeta e del Dohrn sostegno spirituale e consigliere, con Hildebrand, scultore, con Marées, il pittore degli affreschi, mentre, rigido, in piedi, è Kleinenberg, primo assistente e primo collaboratore. Di lato, la tranquilla figura di una popolana vuole, forse, esprimere il contrasto con quei volti pensosi, variamente atteggiati, e con gli sguardi lucidi degli uomini di pensiero.

La Stazione Zoologica sorse solo come emanazione di pensiero, cioè di spiritualità: vale a dire di nobile e degna concezione della vita e quindi sorse aliena da ogni interesse materiale, cioè dalla volgarità, che Goethe definì come tutto ciò che non si riferisce allo spirito.

Esistono nel mondo tanti Istituti e tante Istituzioni creati per il progresso del sapere o per la cultura dei popoli, voluti dagli Stati, solleciti del divenire della Nazione o anche di tutta l'Umanità, o da singoli che, pervenuti a notorietà e ricchezza, hanno impiegato, quasi come per sdebitarsi verso i privilegi raggiunti, le proprie possibilità morali e materiali per la ricerca o per la cultura. Nessun Istituto, tranne questo, è sorto per la volontà di un uomo ancora giovane, che non esitò a impiegare le proprie sostanze, tutte intere, e che tuttavia erano modeste, e tutta la propria volontà, che era possente, per realizzare un'opera da servire al progresso delle conoscenze. Con il sacrificare i suoi limitati mezzi finanziari e anche quelli della sua compagna, Maria Baranowska, ed impegnando nella grande opera la propria volontà e intelligenza, Anton Dohrn sacrificò a tale ideale anche la sua vita scientifica perchè da biologo, già di notevole credito, egli assunse il più modesto officio di organizzatore e amministratore, officio modesto nella espressione e nella pratica, ma altissimo e spiritualissimo in lui perchè mezzo per realizzare il suo ideale altamente umano. Ed egli, Anton Dohrn, anche se ritornò saltuariamente ai suoi studi zoologici, fu essenzialmente l'apostolo di quell'idea ed io me lo immagino e per le biografie di lui, tra le quali la più ampia e più recente è quella di Theodor Heuss, primo Presidente della Repubblica Federale Tedesca, e dalla lettura di alcune lettere e soprattutto per quanto in tanti anni me ne ha detto suo figlio Rinaldo, me lo immagino come uomo tutto pervaso da quel suo programma, che si esplicò come missione, esaltato e sofferente di essa e per essa, come lottatore mai stanco, perchè senza macchia e senza paura.

E l'opera sorse tra l'entusiasmo di pochi e la diffidenza di molti, ma sorse perchè era opera di fede nel progresso della scienza e di bontà perchè affratellava i ricercatori del mondo.
Se tale fu il suo spirito, tale doveva essere e fu la sua vita in ogni espressione, nel contatto con gli uomini di scienza ed, in genere, con gli uomini di pensiero, tale doveva essere e fu nelle relazioni non pure con i collaboratori ed assistenti, ma anche con ogni umile subordinato dell'Istituto, tale fu, in primo luogo, nell'ambito della sua famiglia.
C'è stato come un mito nella Stazione Zoologica del quale nella presente generazione non resta, forse, altro che il nome, cioè quello di Salvatore Lo Bianco. Entrò questi a servizio dell'Istituto, come scalzo ragazzo del popolo, a disimpegnare umili funzioni. Morì il Lo Bianco come autore di alcune apprezzatissime pubblicazioni scientifiche, egli, senza alcun titolo di studio, Socio corrispondente della Accademia dei Lincei, dottore, honoris causa, di importanti università straniere. Non è possibile non riconoscere in tale fortunata vita, oltre i privilegi sortiti da Natura, l'impulso che sull'anima giovanetta esercitò Anton Dohrn, l'entusiasmo che gli seppe comunicare rendendolo partecipe e compagno della sua spiritualità e della sua missione. Se il Lo Bianco non fosse venuto a contatto con tanta mente e con tanto cuore, sarebbe, probabilmente, finito come tanti altri incolti marinai del golfo, probabilmente poco più o poco meno di un uomo comune della sua condizione. Ma il Lo Bianco, io credo, fu solo l'elemento estremo, perchè assai dotato, di una situazione che era un pò di tutti, qui in queste mura della Stazione Zoologica che racchiudono parecchio della storia della biologia. Molti ne ho conosciuti di vecchi marinai ed operai che da fanciulli o giovanetti, avevano lavorato con Anton Dohrn. Avevano tutti qualcosa in comune con Lo Bianco che non era affezione e ricordo e rimpianto per Anton Dohrn, o non soltanto questo, ma possedevano una sorta di inclinazione comune al culto dell'Istituto; si sentivano essi, anche se illetterati, come i custodi, non pure di una tradizione, ma di un privilegio per aver conosciuto A. Dohrn e servito la Stazione Zoologica della quale un pò, ciascuno nel suo ambito, si sentiva padrone e responsabile geloso; care persone, ora quasi tutte scomparse, ed alle quali penso con commozione e gratitudine.
L'influenza maggiore della potente personalità del Dohrn si esercitò, naturalmente, nella propria famiglia per cui la Stazione Zoologica, che prima si identificava con il suo Fondatore, si identificò presto con la famiglia Dohrn e con casa Dohrn, quella ospitale e cara e singolare casa attraverso della quale sono passati, nonchè tutti gli studiosi stranieri e nostrani che hanno in mezzo secolo e più frequentato l'Istituto, ma sovrani uomini della scienza, delle lettere, delle arti di tutte le Nazioni.

E così vissero la vita della Stazione Zoologica e direi per la vita della Stazione Zoologica la moglie, Maria Baranowska, donna di alto ed elevato sentire, di fine e varia cultura, che tenne per un certo tempo a Napoli, come si diceva allora, salotto letterario, accogliendo i più notevoli uomini della Città, ed i quattro figliuoli, Bux, Wolf, Reinhard, Harald, tutti da vicino o da lontano, devoti, fino all'estremo della vita, alla Stazione Zoologica di Napoli, fratelli di sangue, riaffratellati nel comune culto per l'opera del padre. Il terzo tra essi apparve ad Anton Dohrn come il più intimamente vivente l'opera sua e lo scelse, anche per le particolari doti di carattere e di mente, come continuatore e successore e custode della tradizione. Grande influenza ebbe sulla formazione spirituale di Rinaldo l'essere vissuto per alcuni anni nella casa di Ludwig Traube, il famoso filologo di Monaco, al quale il padre l'aveva affidato per introdurlo in un mondo spirituale diverso dal proprio ed anzi quasi in contrasto con l'ambiente sempre nuovo e sempre agitato di casa Dohrn e della Stazione Zoologica. Gli anni di Monaco esercitarono enorme influenza su Rinaldo che apprese, soprattutto a contatto con Traube, ordinato studioso e indagatore, l'abitudine alla meditazione ed alla critica cioè al filosofare e dove egli fece della morale e dell'etica il proprio costume spirituale nel quale visse l'intera sua vita. Si avvicinò Rinaldo alla Stazione Zoologica nel 1905, come assistente zoologo, ed attese anche alla costruzione della nuova ala dell'Istituto per i laboratori di fisiologia, poi, a causa della progrediente infermità paterna, lo sostituì gradualmente e gli successe, come direttore, alla morte avvenuta il 1909. Durante e dopo la prima guerra mondiale l'Istituto subì varie e ben note vicende finchè, avuto nuovo assetto per convenzione con lo Stato Italiano, come Ente morale, Rinaldo ne fu di nuovo Direttore e Consigliere delegato del Consiglio di Amministrazione. Se queste vicende sono ben conosciute, pochi sanno della tragedia spirituale di Rinaldo in tali circostanze, specialmente acuta quando, per sentenza della Cassazione, egli fu reintegrato nella legittimità della convenzione con il Comune di Napoli per la quale Anton Dohrn ed i suoi eredi ne erano di diritto proprietari per novanta anni. Riavere il possesso dell'Istituto, così come ne aveva diritto e come gli era stato riconosciuto dalla magistratura italiana, costituiva per Rinaldo, privo o quasi, alla fine della guerra e dopo i tanti anni del logorante processo, di ogni possibilità finanziaria propria, una avventura che avrebbe, presumibilmente, compromessa la vita dell'Istituto e dispersa l'opera paterna, che per alcuni anni era anche stata di già opera sua. Tardi, cioè qualche anno fa, riservato come era, egli mi confidò in quale critica situazione fosse venuto a trovarsi il suo animo in quella circostanza e quanto profonda e tragica la sua depressione dalla quale a stento si riebbe giusto in tempo per accettare con coraggio e con leale impegno l'intesa con lo Stato Italiano e la nuova configurazione giuridica e amministrativa dell'Istituto. Questa, in realtà, sacrificava parecchio dei diritti morali e materiali dei Dohrn, ma costituiva una via, forse la migliore, per l'ordinamento ed il rifiorire dell'Istituto. Questa era l'istanza suprema per Rinaldo, che continuasse, dopo le gravi vicende intercorse, la missione della Stazione Zoologica nel mondo.

Gli anni iniziali della nuova direzione furono molto duri e anche incerti e per il persistere dei risentimenti che necessariamente la guerra aveva fatto nascere e per le limitazioni finanziarie inerenti alla gestione. Gli uni e le altre egli superò, con pazienza, con coraggio e con tenacia e qui nella Stazione Zoologica di Napoli iniziarono i primi incontri scientifici dei ricercatori delle Nazioni avverse e, quando sembrava impossibile una riconciliazione in Europa, gli scienziati erano in questo Istituto ridiventati amici e riaffratellati nel culto della Scienza. Nè mutò sostanzialmente, con il cambiare dei tempi, l'ambiente di comprensione e di affezione con il personale così che ancora oggi tale spirito di attaccamento è vivo e profondo al di là delle relazioni di lavoro e dell'interesse dei singoli. L'Istituto gradatamente rifiorì ed i consensi sull'opera di Rinaldo divennero progressivamente più numerosi e più vivi in Italia ed all'estero. In Italia l'iniziale sacrificio trovò conforto non solo dall'affluire sempre più intenso di ricercatori ma anche nel sempre maggiore interesse per la vita della Stazione Zoologica e della Amministrazione Comunale come e specialmente, del Ministero della Pubblica Istruzione e del Consiglio Nazionale delle Ricerche. In occasione del centesimo anniversario della nascita, nel 1940, di Antonio Dohrn, su iniziativa della Facoltà di Scienze della Università, furono tributate solenni onoranze alla memoria di Antonio e all'opera volta da Rinaldo. L'Amministrazione Comunale intitolò al primo uno dei viali di accesso all'Istituto e conferì a Rinaldo, come già ai suoi tempi al padre, la cittadinanza onoraria di Napoli.

Nè la seconda guerra mondiale lo distrasse dai suoi impegni ed egli restò qui in Napoli anche nel periodo più burrascoso, conscio della responsabilità sua verso l'Istituto che era al difuori e al disopra delle contingenze politiche, e delle lotte.

Il più alto riconoscimento egli, però, lo sentì quando il figliuolo Pietro, attuale direttore, venne nominato suo successore. In vera gioia e profonda commozione l'ho veduto in tale occasione perchè si sentiva ora affiancato, con impeto e fervore, dal figlio ed assicurata, così, nella terza generazione la continuità dell'opera e della tradizione.

Continuò egli per vario tempo ancora ad occuparsi dell'Istituto, senza reale discontinuità, ma poi sempre più fiaccamente nella pratica, ma più vigile con il pensiero e con il consiglio perchè, forse, con accresciuto amore come a bene che ancora per poco avrebbe avuto a godere.

Rinaldo fu assai diverso da suo padre, in questo l'impeto e la volontà furono possenti, in lui il ragionamento regolava l'azione in alto e severo senso del dovere, nella coscienziosa consapevolezza delle proprie limitazioni e soprattutto in sincero e profondo rispetto degli altri. Questo fu proprio e singolare di Rinaldo: il rispetto degli altri, la cura, cioè dell'anima altrui, onde la premura nel ricercare spiegazioni e giustificazioni di ogni atteggiamento per cui assai gli si addiceva la nota frase di Pasteur «toujour comprendre, toujour pardonner pour être compris, pour être pardonné».

Semplice nei modi e quasi timoroso, cauto nel giudicare, dava a chi gli si avvicinava l'impressione di aver molto vissuto e molto conosciuto così che lo si sentiva presto vicino e rapidamente ispirava simpatia perchè si metteva facilmente a suo agio e metteva gli altri nel proprio, quale che fosse il suo interlocutore: un alto esponente della politica, della scienza o dell'arte oppure un umile artigiano, perchè non servile nè ossequioso con il primo, non staccato o sprezzante con il secondo, signore con entrambi.

Egli, nato tedesco, ma vissuto per la massima parte della sua vita qui a Napoli, era restato legatissimo alla sua patria, delle memorie e delle tradizioni della quale egli era fiero, come fu sdegnato critico degli eccessi e delle intemperanze, onde la sua indole lo portava ad amare molto più Goethe che Schiller, più Beethoven che Wagner, più Kant che Nietsche, come della tradizione e cultura e arte italiana fu amantissimo ed era forse più critico verso la sua patria che verso la nostra. Questa parola, la critica, ricorreva assai di frequente nel suo discorso perchè aveva viva e vigile coscienza, onde formulava il giudizio non ad impeto od impressione, ma da convinzione, e critica esercitava anche nell'azione che appariva lenta appunto perchè giudicata e vagliata nelle cause e negli effetti e nelle circostanze.

Ebbe vivissimo e sincero e profondo il senso della universalità della Scienza, per quella universalità per la quale era sorta la Stazione Zoologica e nessuno ha potuto mai avvedersi di inclinazioni o simpatie per studiosi di una nazione piuttosto che di un'altra onde attentissimo fu sempre che nell'Istituto le inquietudini politiche non vi si riverberassero e geloso fu sempre della apoliticità dell'Istituto e di ciò è prova la nessuna ingerenza che su di esso hanno avuto poteri politici italiani e stranieri così nei tempi floridi e tranquilli come in quelli poveri e agitati, come specialmente furono quelli del primo e del secondo dopoguerra, onde il resistere dell'Istituto a tante traversie e ristrettezze è apparso un miracolo, ma miracolo non fu perchè la saggezza dell'Uomo e il credito dell'Istituto erano condizioni spirituali atte a resistere e dar credito per il futuro.

Come Maria Baranowska ebbe non secondaria influenza nella creazione dell'Istituto, così Tatiana Giwago, la compagna di Rinaldo, scomparsa, ahimè, vari anni prima di lui, ebbe grande influenza e nella vita del suo sposo e nel prosperare della Stazione Zoologica e soprattutto nel resistere alle difficoltà, così nella fase di riassetto dopo la prima guerra come della seconda. Fu Tania, donna di straordinario fascino e per grazia e per bontà e soprattutto per una umanità tutta sua che era fatta anche di molto intelletto, così che amava il suo prossimo perchè lo comprendeva. Cara e nobile figura di sposa, di madre, di amica e protettrice; alla sua memoria va la gratitudine di quanti l'hanno conosciuta, il rispetto di quanti ora e dopo frequenteranno questo Istituto.

E' morto Rinaldo a Roma in un lettuccio della Clinica Medica, amorevolmente curato dal generoso amico prof. Condorelli, è morto lontano, però, dalla sua patria tedesca e lontano anche dalla patria di adozione sede dell'Istituto da lui tanto amato. Ma è morto da saggio, conscio della fine che egli, in realtà, negli ultimi tempi, desiderava, persuaso, come era, dell'inevitabile ma mortificato e umiliato per la pena che, con il protrarsi della malattia, recava ai congiunti ed agli amici. La sera precedente la sua fine, che però non immaginavamo tanto prossima, parlammo a lungo anche di ciò e della morte e dei suoi fratelli defunti e dell'avvenire della Stazione Zoologica e ci separammo quasi certi entrambi essere quello il commiato. Ed ora riposa là nel cimitero inglese, accanto a Tania, non lontano da vari collaboratori dell'Istituto ed amici della colonia tedesca e di quella inglese. E' presente qui in questa vecchia biblioteca, anche se la sua immagine non vi è ritratta, perchè troppo vicino è il ricordo della sua persona fisica per figurarcelo assente. Quando tra alcuni decenni saranno scomparsi tutti quelli che hanno conosciuto in vita Rinaldo, come ora sono quasi tutti scomparsi quelli che conobbero Antonio Dohrn e delle sembianze dei due non resteranno che il rilievo di Hildebrand del padre e quello di von Saalfeld del figlio, anche le loro figure morali saranno idealizzate e l'opera dell'uno si fonderà con quella dell'altro, allora essi appariranno alle generazioni future come due puri spiriti a servizio del progresso umano, come due incarnazioni dello spirito vivente.

Ancora la storia della Scienza è nella fase narrativa o di cronistoria perchè ancora non è sorto per essa nè un Mommsen nè un Ranke nè un Croce e gli sviluppi delle conoscenze vengono rappresentate in gran parte come virtù di singoli o fortune di privilegiati, non come razionale e immanente svolgimento di pensiero; quando sorgerà tale fase anche per la Scienza e per la Biologia in particolare, e sarà allora vera storia, verrà calcolata nel suo significato l'influenza che la Stazione Zoologica ha segnato per la Biologia e saranno poste in luce le urgenze che essa ha determinato e quanto per ciò stesso si doveva conoscere ed è stato conosciuto. Il nome dei due Dohrn allora sarà nella sua giusta luce, senza le passioni dei contemporanei, perchè le passioni, per l'elemento umano che implicano, sono pur sempre anche menomazioni. Quei due nomi, spogli di elementi umani, saranno allora nomi della storia. A noi, che abbiamo ereditata la tradizione del culto per il nome di Antonio Dohrn ed abbiamo conosciuto ed amato Rinaldo, resta profonda e sincera e duratura l'ammirazione ed il compianto, la gratitudine e l'affetto.

Ed ora alcune parole per gli amici tedeschi

Signor Ministro, Signor Ambasciatore, Signore e Signori

Come biologo, come rappresentante del consiglio di amministrazione e come amico di Rinaldo Dohrn e della famiglia Dohrn ho l'onore di esprimere a Voi i più vivi ringraziamenti per il piacere che ci avete fatto di intervenire a questa commemorazione.
La Stazione Zoologica è molto legata alla Germania, non solo perchè la famiglia Dohrn è pomerana e senza di A. Dohrn l'Istituto non sarebbe mai sorto e non sarebbe, probabilmente, sopravvissuto senza Reinhard, ma anche perchè la Germania l'ha aiutato assai sin dall'inizio e mai tali aiuti sono venuti a mancare, come anche di recente si è visto e si vede. La storia della Stazione Zoologica è storia della biologia ma è anche storia dei biologi tedeschi. Helmoltz fu l'introduttore di A. Dohrn presso il Ministero prussiano perchè si era innammorato del programma e il suo intervento fu decisivo perchè le richieste venissero accolte, ma da allora ricercatori di tutte le discipline biologiche sono passati per questo Istituto e molti dei più bei nomi della scienza tedesca hanno lavorato anche per più anni in questi laboratori come i due fratelli Hertwig, Ernst Abbé, Teodoro Boveri, Otto Meyerhof, Otto Mangold, Otto Warburg, Max Hartmann, Alfred Kühn, Fritz Baltzer, Paul Buchner e Waldeyer e Tschermack, Brücke, Kopsch, Wettstein, etc. etc.
Si può dire che la embriologia sperimentale qui abbia avuto la sua culla come qui è sorta la fisiologia e la biochimica degli invertebrati, come la tecnica istologica qui crebbe ad opera inispecie di Paul Mayer.
Se Dohrn concepì il suo grandioso programma certamente non l'avrebbe potuto realizzare se non fosse intervenuto il Comune di Napoli da una parte e la Germania dall'altra. E', perciò, giusto che nel momento in cui ricordiamo Rinaldo Dohrn e suo padre, noi esprimiamo alla Germania un tributo di gratitudine anche perchè la Germania ha dato alla Stazione Zoologica molto più di quanto non ricevesse come uso dei tavoli di studio ai propri studiosi. Essa è restata sempre fedele alla Istituzione e gli aiuti finanziari hanno avuto significato morale superante quello economico.
Questa non è mai stata una Stazione Zoologica tedesca nè una Stazione Zoologica italiana e nemmeno una Stazione internazionale perchè anche il concetto di internazionale implica l'idea di nazione mentre la scienza è senza nazione e così è stata ed è la Stazione Zoologica. Istituto di Scienza senza riferimenti nè nazionali nè internazionali. La Germania e l'Italia hanno avuto questo privilegio di aver per prime servito

la scienza nella creazione di questo Istituto, in nobile gara ben presto con altre Nazioni dell'Europa e con l'America, la quale nei tempi più recenti, e cioè dal riassetto ad Ente morale, ha avuto ed ha parte assai cospicua per la sua vita.

Ed ora alcune parole per gli amici tedeschi

Herr Bundesminister, Herr Botschafter, meine Damen und Herren

Als Biologe, als Mitglied des Verwaltungsrates und als Freund von Reinhard Dohrn und der Familie Dohrn habe ich die Ehre, Ihnen unseren wärmsten Dank für die Freude auszusprechen, die Ihr Kommen zu dieser Gedenkfeier uns gemacht hat.
Die Zoologische Station ist Deutschland vielfach verbunden, denn die Familie Dohrn stammt aus Pommern und ohne Anton Dohrn würde das Institut nicht entstanden sein, wie es ohne Reinhard Dohrn wahrscheinlich die beiden Weltkriege nicht überlebt haben würde. Überdies hat Deutschland dem Institut von Anfang an große Unterstützungen zugewendet und wendet sie ihm weiter zu wie wir auch heute sehen.
Die Geschichte der Zoologischen Station ist Geschichte der Biologie, aber auch Geschichte der deutschen Biologen. Helmholtz war der Fürsprecher für Anton Dohrn beim preußischen Kultusministerium, weil er sich für den Plan begeistert hatte: seine Befürwortung war ausschlaggebend dafür, daß der Antrag beim preußischen Ministerium genehmigt wurde. Seitdem haben deutsche Forscher aller naturwissenschaftlichen Disziplinen dieses Institut besucht und viele der bedeutendsten Männer der deutschen Wissenschaft haben oft mehrere Jahre in diesen Laboratorien gearbeitet. So die beiden Brüder Hertwig, Ernst Abbé, Theodor Boveri, Otto Meierhof, Otto Mangold, Otto Warburg, Max Hartmann, Alfred Kühn, Fritz Baltzer, Paul Buchner, Waldeyer, Tschermack, Brücke, Kopsch, Wettstein und viele andere.
Man kann sagen, daß hier die experimentelle Embryologie ihre Wiege gehabt hat und daß die Physiologie und Biochemie der Invertebraten von hier ihren Anfang genommen hat. Auch die histologische Methodik hat sich hier, dank Paul Mayers Arbeiten entwickelt.
Anton Dohrn hat das großartige Programm konzeptiert, hätte es aber sicher nicht realisieren können, wenn die Stadt Neapel einerseits und Deutschland andererseits nicht mitgemacht hätten. Es ist daher richtig, daß wir hier und heute, da wir Reinhard Dohrns und seines Vaters gedenken, Deutschland unseren Dank auch dafür aus-

sprechen, daß es der Zoologischen Station immer viel mehr zugesteuert hat, als es in der Form von Tischbenützung durch deutsche Forscher verbraucht hat. Deutschland ist dem Institut immer treu geblieben und seine finanzielle Hilfe ist von noch größerer moralischer Bedeutung gewesen, als von wirtschaftlichem Nutzen.
Dies ist nie eine deutsche Zoologische Station gewesen und ebenso wenig eine italienische und nicht einmal eine internationale Station, denn auch der Begriff „international" schließt bereits die Idee der Nation ein. Die Wissenschaft aber kennt keine Nationen und so war und ist das Wesen der Zoologischen Station. Sie ist eine wissenschaftliche Einrichtung ohne nationale noch internationale Bezüge.
Deutschland und Italien haben das Privileg gehabt, als erste der Wissenschaft durch dieses Institut zu dienen, bald in großzügigem Wettstreit mit anderen europäischen Nationen und mit Amerika, das sich zunehmend an dem Gedeihen der Zoologischen Station in Neapel beteiligt, seit sie nach dem ersten Weltkrieg die Form des „Ente Morale" angenommen hat.

Carlo Pannone

Il personale, in questa occasione, ancora una volta, vuole esternare la sua gratitudine al compianto Prof. Rinaldo Dohrn per tutto ciò che Egli ha fatto per esso.
Nessuno, infatti, potrà mai dimenticare come Egli, in ogni occasione, era pronto ad intervenire materialmente e moralmente.
Per ognuno di noi Egli aveva la bontà del padre affettuoso e premuroso; per ognuno la preoccupazione di toglierci dalle difficoltà della vita quotidiana.
Io, che, per le mie funzioni, ero sempre al suo fianco, so e maggiormente apprezzo l'opera del Sig. Dohrn, come Lui amava esser chiamato, e ricordo che, nell'immediato dopoguerra, si privò dei suoi titoli per non far mancare lo stipendio ai suoi collaboratori, per usare la sua stessa parola quando parlava del personale.
Quante volte, sia nelle liete come nelle tristi circostanze, si recava nelle nostre case per condividere le gioie e le tristezze della vita.
Ultimamente, nel novembre 1962, andai a visitarlo a Roma. Nell'entrare nella stanzetta della Clinica Medica avrei voluto fotografare quell' attimo: i suoi occhi, nel vedermi, brillarono di contentezza, le sue braccia mi strinsero a lungo a lui e baciandomi disse: «Vi aspettavo da stamani» e quando andai, via riabbracciandomi più a lungo e ribaciandomi, disse: «ricambiatelo agli altri».

Testimonianza questa del grande affetto che nutriva per tutti noi: anziani e giovani.
Grande e generoso cuore, cuore che voleva rivedere la sua Stazione Zoologica ed il suo personale, ma la morte, la inesorabile morte, se lo rapì dopo nemmeno un mese, lasciandoci impietriti e sconcertati.
Ora ci resta solo il ricordo indelebile della Sua grande abnegazione per lo sviluppo dell'Istituto ed il Suo grandissimo, sincero affetto verso tutti noi, e noi lo ricorderemo come è degno di essere ricordato: Uomo equo, paterno e simbolo della generosità e della sincerità.